U0182694

21世纪建筑工程系列教材

土 木 工 程 概 论

主　编　张立伟
副主编　张曙光
参　编　张立群　许　奇　王丽红
主　审　麻建锁

机 械 工 业 出 版 社

本书参照高职高专和应用型本科教育土建类专业土木工程概论的基本要求编写。本书内容广泛，同时力求精炼，并尽可能做到理论与工程实际相联系，突出职业教育的教材特点。全书主要内容包括绪论、土木工程主要类型、土木工程材料、土木工程荷载、土木工程构件及基本结构体系、土木工程建设及使用、建筑施工企业项目管理和土木工程的发展趋势等。本书的目的是使学生了解土木工程的基本知识，开阔学生的视野，激发学生们对土木工程学科的兴趣和热情。

　　本书可作为应用型本科和高职高专土木工程专业一年级学生的教材，也可供土木工程技术人员参考。

图书在版编目（CIP）数据

土木工程概论/张立伟主编 . —北京：机械工业出版社，2004.1
（2020.4 重印）

　（21 世纪建筑工程系列教材）

　ISBN 978-7-111-13497-8

　Ⅰ . 土 ...　Ⅱ . 张 ...　Ⅲ . 土木工程 – 教材　Ⅳ.TU

　中国版本图书馆 CIP 数据核字（2003）第 108390 号

机械工业出版社（北京市百万庄大街 22 号　邮政编码 100037）
责任编辑：李俊玲　季顺利　于奇慧　版式设计：张世琴
责任校对：李秋荣　封面设计：姚　毅　责任印制：孙　炜
保定市中画美凯印刷有限公司印刷
2020 年 4 月第 1 版·第 24 次印刷
169mm × 239mm · 8.5 印张 · 160 千字
标准书号：ISBN 978-7-111-13497-8
定价：21.00 元

凡购本书，如有缺页、倒页、脱页，由本社发行部调换

电话服务　　　　　　　　　　　网络服务
服务咨询热线：010-88379833　　机工官网：www.cmpbook.com
读者购书热线：010-88379649　　机工官博：weibo.com/cmp1952
　　　　　　　　　　　　　　　教育服务网：www.cmpedu.com
封面无防伪标均为盗版　　金 书 网：www.golden-book.com

前　　言

　　本书结合编者长期教学实践的经验，按照土木工程所包含的内容体系编写。内容组织上力求精而不求深，同时抓住重点内容，注重实际应用能力的培养；并力求反映新技术、新材料、新规范，勾画出土木工程大体框架。

　　全书重点介绍了土木工程的类型、土木工程材料、土木工程基本构件等，立足于土木工程专业教育对土木工程概论课程教学的基本要求，注重反映基本概念、基本原理、基本方法，注重适应高等职业教育和应用型本科教育的特点。目的是使学生了解土木工程的一些基本知识；了解土木工程在社会主义建设中的地位和作用；了解当前土木工程的概况和未来发展；了解将来从事的具体工作，并为以后的学习打下基础。

　　参加本书编写工作的有黑龙江工程学院张立伟（第一章、第四章）；长春工程学院张曙光（第二章）；河北建筑工程学院张立群（第七章、第八章）；沈阳建筑工程学院职业技术学院许奇（第五章）；沈阳建筑工程学院职业技术学院王丽红（第三章、第六章）。

　　全书由张立伟副教授任主编，张曙光任副主编，河北建筑工程学院麻建锁教授担任主审。编者非常感谢主审麻建锁严谨、认真的审稿工作。最后由张立伟按主审的意见进行了修改，统稿并定稿。

　　本书在编写过程中，得到了编者所在院校领导、机械工业出版社教材编辑室领导的鼓励和支持，在这里表示深切的谢意。在编写过程中参阅了一些优秀文献，均在参考文献中列出。

　　由于编者认识和实践水平有限，书中难免有不妥之处，还望广大读者及同行专家不吝赐教。

编　者

目　　录

第一章 绪 论

第一节 土木工程及土木工程专业

土木工程是建造各类工程设施的科学技术的统称。它既指所应用的材料,设备和所进行的勘测、设计、施工、保养维修等技术活动;也指工程建设的对象,即建造在地上或地下、陆上或水中、直接或间接为人类生活、生产、军事、科学研究服务的各种工程设施,例如房屋、道路、铁路、运输管道、隧道、桥梁、运河、堤坝、港口、给水排水及防护工程等。

土木工程在英语里称为 Civil Engineering,译为"民用工程"。它的原意是与"军事工程"(Military Engineering)相对应的。在英语中,历史上土木工程、机械工程、电气工程、化工工程都属于 Civil Engineering,因为它们都具有民用性。后来,随着工程技术的发展,机械、电气、化工都已逐渐形成独立的学科,Civil Engineering 就成为土木工程的专用名词。

任何一项工程设施总是不可避免地受到自然界或人为的作用(荷载)。首先是地球引力产生的工程的自身重量和使用荷载;其次是风、水、温度、冰雪、地震以及爆炸等作用。为了确保安全,各种工程设施必须具有抵抗上述各种荷载作用的能力。

建造工程的物质基础是土地、建筑材料、建筑设备和施工机具。借助于这些物质条件,经济、便捷地建成既能满足人们使用要求和审美要求,又能安全承受各种荷载的工程设施,是土木工程科学的出发点和归宿。

设置土木工程专业的学校主要有两类:一是高等学校(包括普通高等学校,高等专科学校和高等职业技术学校),培养的是未来的土木工程师;二是中等专科学校,培养的是未来的土木工程技术人员。

第二节 土木工程的重要性

土木工程为国民经济的发展和人民生活的改善提供了重要的物质技术基础,在国民经济中占有举足轻重的地位。首先人们的生活离不开衣、食、住、行。为改善人民的居住条件,国家每年在建造住宅方面的投资是十分巨大的。1987年城市人均居住面积为 $3.6m^2$,到 1990 年,人均居住面积已达 $7.1m^2$。铁路、公路、水运、航空等的发展都离不开土木工程。

各种工业建设，无论其性质和规模如何，首先必须兴建厂房才能投产。如钢铁厂、机械制造厂、火力发电厂、核电站等都需要土木工程建设。

土木工程的建设，也称为各行各业的基本建设或工程建设，它既包括建筑安装工程，也包括建设单位及其主管部门的投资决策活动以及征用土地、工程勘察设计、工程监理等。工程建设是社会化大生产，有着产品体积庞大、建设场所固定、建设周期长、投资数额大、占据资源多的特点，它涉及到建筑业、房地产业、工程勘察设计等行业，也带动了物业管理和工程咨询等新兴行业的发展。

土木工程虽然是古老的学科，但其领域随各种学科的发展而不断发展壮大。因此，对土木工程技术人员的知识面要求更为广阔，学科间的相互渗透和促进的要求也更为迫切，而且要求知识不断更新，因此信息科学和国际交流对土木工程人员也极其重要；对专业的掌握应更为深入，设计建造和科学研究更需紧密联系。现代的土木工程不仅要求保证按计划完成，而且必须按最佳方案并以最优方式来设计和建造。我们的任务是光荣而艰巨的。

第三节　土木工程的基本属性

土木工程有下列四个基本属性：

1. 综合性　建造一项工程设施一般要经过勘察、设计和施工三个阶段，需要运用工程地质勘察、水文地质勘察、工程测量、土力学、工程力学、工程设计、建筑材料、建筑设备、工程机械、建筑经济等学科和施工技术、施工组织等领域。因而土木工程是一门范围广阔的综合性学科。

2. 社会性　土木工程是伴随着人类社会的进步而发展起来的，它所建造的工程设施反映出各个历史时期社会、经济、文化、科学、技术发展的面貌。因而土木工程也就成为社会历史发展的见证之一。

3. 实践性　土木工程是具有很强的实践性学科。由于影响土木工程的因素众多且错综复杂，使得土木工程对实践的依赖性很强。另外，只有进行新的工程实践，才能揭示新的问题。例如，建造高层建筑、大跨桥梁等，工程的抗风和抗震问题就突出了，因而发展出这方面的新理论技术。

4. 技术上、经济上和建筑艺术上的统一性　人们力求最经济地建造一项工程设施，用以满足使用者的预定需要，其中包括审美要求，它必然是每个历史时期技术、经济、艺术统一的见证。

第四节　土木工程发展简史

土木工程从起源到现在经历了漫长的发展过程，在漫长的演变和发展的过程中，不断注入了新的内涵。它与社会、经济、科学技术的发展密切相关，而就其本身而言则主要围绕着材料、施工技术、力学与结构理论的演变而不断发展。

土木工程经历了古代、近代、现代三个历史时期。

一、古代土木工程

古代土木工程是从新石器时代开始到公元 17 世纪工程结构有了定量的理论分析为止，这一时期，人类实践应用简单的工具，依靠手工劳动，没有系统的理论，但是在此期间人类发明了烧制的瓦和砖，这是土木工程发展史上的一件大事，同时，人类也建造了不少辉煌而伟大的工程。

随着历史的发展，人类社会的进步，人们开始掘地为穴、搭木为桥，开始了原始的土木工程。在中国黄河流域的仰韶文化遗址（公元前 5000—前 3000 年）中，遗存浅穴和地面建筑。西安半坡村遗址（公元前 4800—前 3600 年）中有很多圆形房屋，直径 5～6m，室内竖有木柱来支撑上部屋顶，如图 1-1 所示。

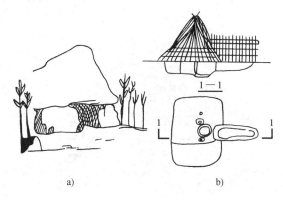

图 1-1　原始建筑物
a) 天然石洞　b) 西安半坡村遗址

洛阳王湾的仰韶文化遗址（公元前 4000 年—前 3000 年）中有一座面积为 200m² 的房屋，墙下挖有基槽，槽内有卵石，这是墙基的雏形。

英格兰的索尔兹伯里的石环，距今已有四千余年，石环直径约 32m，单石高达 6m，采用巨型青石近百块，每块重达 10t，石环间平放着厚重的石梁，这种梁柱结构方式至今仍为建筑的基本结构体系之一。大约公元前 3 世纪出现了经过烧制的砖和瓦，在构造方面，形成木构架、石梁柱等结构体系，还有许多较大型土木工程。

随着生产力的发展，私有制取代了原始的公有制，奴隶社会代替了原始社会。在奴隶社会里，奴隶主利用奴隶们的无偿劳动力，建造了大规模的建筑物，推动了社会文明的进步，也促进了建筑技术的发展。古代的埃及、印度、罗马等先后建造了许多大型建筑、桥梁、输水道等。

埃及的吉萨金字塔群（建于公元前2700—前2600年）如图1-2所示，它造型简单、计算准确、施工精细、规模宏大，是人类伟大的文化遗产。

公元前5世纪—前4世纪，在我国河北临漳，西门豹主持修筑引漳灌邺工程，公元前3世纪中叶，在今四川灌县，李冰父子主持修建都江堰，解决围堰、防洪、灌溉以及水陆交通问题，是世界上最早的综合性大型水利工程，如图1-3所示。长城原是春秋、战国时各诸侯国为互相防御而修建的城墙。秦始皇（公元前246—前210年）于公元前221年统一全国后，为防御北方匈奴贵族的侵犯，于公元前214年在魏、赵、燕三国修建的土长城的基础上进行修缮。明代为了防御外族的侵扰前后修建长城18次，西起嘉峪关，东至山海关，总长6700km，成为举世闻名的长城，如图1-4所示。

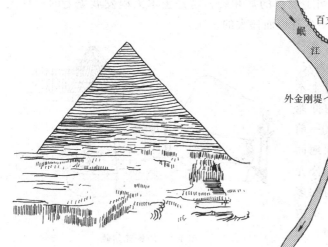

图1-2　埃及吉萨金字塔群　　　　　图1-3　都江堰

古希腊是欧洲文化的摇篮，公元前5世纪建成的以帕提农神庙为主体的雅典卫城，是最杰出的古希腊建筑，造型典雅壮丽，用白色大理石砌筑，庙宇宏大，石制梁柱结构精美，在建筑和雕刻上都有很高的成就，是典型的列柱围廊式建筑，如图1-5所示。

古罗马建筑对欧洲乃至世界建筑都产生了巨大的影响。古罗马大斗兽场在功能、形式与结构上做到了和谐

图1-4　万里长城

统一，建筑平面成椭圆形，长轴188m，短轴156m，立面为4层，总高48.5m，场内有60排座位，80个出入口，可容纳4.8~8万名观众，如图1-6所示。

图 1-5　帕提农神庙　　　　　　　　　图 1-6　罗马大斗兽场

　　我国古代建筑的一大特点是木结构占主导地位,现存高层木结构实物,当以山西应县佛宫寺释迦塔(应县木塔)(建于 1056 年)为代表,塔身外观五层,内有四个暗层,共有九层,高 67m,平面成八角形,是世界上现存最高的木结构之一。

　　欧洲以石拱建筑为主的古典建筑达到了很高的水平,早在公元前 4 世纪,罗马采用券拱技术砌筑下水道、隧道渡槽等土木工程。在建筑工程方面继承和发展了古希腊的传统柱式。如万神庙(120—124 年)的圆形正殿屋顶,直径43.43m,是古代最大的圆顶庙。意大利的比萨大教堂建筑群、法国的巴黎圣母院教堂(1163—1127 年),均为拱券结构。圣保罗主教堂是英国最大的教堂,是英国古典主义建筑的代表,教堂内部进深 141m,翼部宽 30.8m,中央穹顶直径34m,顶端离地 111.5m。

　　古代土木工程在建筑上取得巨大成绩的同时,其他的土木工程也取得了重大成就。秦朝在统一中国后,修建了以咸阳为中心的通向全国的驰道,形成了全国规模的交通网。在欧洲,罗马建设了以罗马为中心,包括 29 条辐射主干道和 322 条联络干道,总长达 78000km 的罗马大道网。道路的发展推动了桥梁工程的发展,桥梁结构最早为行人的石板桥和木梁桥,后来逐步发展成为石拱桥,现保存最好的我国最早石砌拱桥为河北赵县的安济桥,又名赵州桥,如图 1-7 所示。它建于公元 595—605 年,为隋朝匠人李春设计并参加建造的,该桥全部用石灰石建成,全长 50.83m,净跨 37.02m,矢高 7.23m,矢跨比小于 1/5,桥面宽 9m。该桥无论在材料使用、结构受力、艺术造型和经济上都达到了极高的成就。

　　在水利工程方面,公元前 3 世纪,中国秦代在今广西兴安开凿灵渠,总长34km,落差 32m,沟通湘江、漓江,联系长江、珠江水系,后建成使用"湘漓分流"的水利工程。古罗马采用券拱技术筑成隧道、石砌渡槽等城市输水道 11 条,总长 530km。运河为人工开挖的水道,用以沟通不同的

图 1-7　河北赵县安济桥

河流、水系和海洋，连接重要城镇和矿区，发展水上运输。公元 7 世纪初，我国隋代开凿了世界历史上最长的大运河，全长 2500km，它北起北京，经天津市和河北、山东、江苏、浙江四省，南至杭州，沟通海河、黄河、淮河、长江和钱塘江五大水系。这一时期，在城市建设方面和工艺技术方面也都取得了很多成绩。人们在建造大量的土木工程的同时，注意总结经验，促进意识的深化，编写了许多优秀的土木工程著作，出现了许多优秀的工匠和技术人才，如中国的《木经》、李诫著《营造法式》及意大利阿尔贝蒂著《论建筑》。

二、近代土木工程

从 17 世纪中叶到 20 世纪中叶的 300 年间，土木工程得到了飞速迅猛的发展，伽利略在 1638 年出版的著作《关于两门新科学的谈话和数学证明》中，论述了建筑材料的力学性能和梁的强度。1687 年牛顿总结的力学运动三大定律是土木工程设计理论的基础。瑞士数学家欧拉在 1744 年出版的《曲线的变分法》建立了柱的压屈公式。1773 年法国工程师库仑著的《建筑静力学各种问题极大极小法则的应用》一文说明了材料的强度理论及一些构件的力学理论。18 世纪下半叶，瓦特发明的蒸汽机的使用推动了产业革命，为土木工程提供了多种建筑材料和施工机具，同时也对土木工程提出了新的要求。

1824 年英国人 J. 阿斯普丁发明了波特兰水泥，1856 年转炉炼钢法取得成功，两项发明为钢筋混凝土的产生奠定了基础。1867 年法国人 J. 莫尼埃用钢丝加固混凝土制成了花盆，并把这种方法推广到工程中，建造了一座贮水池，这是钢筋混凝土应用的开端。1875 年他主持建造成第一座长 16m 的钢筋混凝土桥。1886 年，在美国芝加哥建成的 9 层家庭保险公司大厦，被认为是现代高层建筑的开端。1889 年在法国巴黎建成高 300m 的埃菲尔铁塔。

产业革命还从交通方面推动了土木工程的发展。蒸汽轮船的出现推动了航运事业的发展，同时，要求修建港口、码头、开凿运河。苏伊士运河建于 1859～1869 年，贯通苏伊士海峡，连接地中海和红海。从塞得港至陶菲克港，长 161km，连同深入地中海和红海的河段，总长 173km。河面宽 60～100m，平均水深 15m，可通 8 万 t 巨轮，使从西欧到印度洋间的航程比绕道非洲好望角缩短了 5500～8000km。1825 年 G. 斯蒂芬森建成了从斯托克特到达灵顿的长 21km 的第一条铁路，1869 年美国建成横贯北美大陆的铁路，20 世纪初俄国建成西伯利亚铁路。1863 年英国伦敦建成世界上第一条地铁，长 6.7km。1819 年英国马克当筑路法明确了碎石路的施工工艺和路面锁结理论。在桥梁工程方面，1779 年英国用铸铁建成了跨为 30.5m 的拱桥，1826 年英国 T. 特尔福德用锻铁建成了跨度 177m 的梅奈悬索桥。1890 年英国福斯湾建成两孔主跨达 521m 的悬臂式桁架梁桥。19 世纪，设计理论进一步发展并有所突破，土木方面的协会团体相继出现。

第一次世界大战以后，道路、桥梁、房屋大规模出现。道路建设方面，沥青混凝土开始用于高级路面。1931—1942 年德国首先修筑了长达 3860km 的高速公路网。1918 年加拿大建成魁北克悬臂桥，跨度 548.6m。1937 年美国旧金山建成金门悬索桥，跨度 1280m，全长 2825m。

工业的发展和城市人口的增多，大跨度和高层建筑相继出现。1925—1933 年在法国、苏联和美国分别建成了跨度达 60m 的圆壳、扁壳和圆形悬索屋盖。中世纪的石砌拱终于被壳体结构和悬索结构所取代。1931 年美国纽约的帝国大厦落成，共 102 层，高 378m，结构用钢 5 万多吨，内有电梯 67 部，可谓集当时技术成就之大成，它保持世界房屋最高记录达 40 年之久。

1886 年美国人 P·H 杰克孙首次应用预应力混凝土制作建筑构件后，预应力混凝土先后在一些工程中得到应用并得到进一步发展。超高层建筑相继出现，大跨度桥梁也不断涌现，至此土木工程正向现代化迈进。

必须看到，近代土木工程的发展是以西方土木工程的发展为代表的，在引进西方的先进技术之后，中国先后建造了一些大型的土木工程。1909 年詹天佑主持的京张铁路建成，全长 200km，达到当时世界先进水平。1889 年唐山设立水泥厂。1910 年开始生产机制砖。1934 年上海建成 24 层的国际饭店，21 层的百老汇大厦。1937 年已有近代公路 11 万 km。中国土木工程教育事业开始于 1895 年的北洋大学（今天津大学）和 1896 年的北洋铁路官学堂（今西南交通大学）。1912 年成立中华工程师学会，詹天佑为首任会长，20 世纪 30 年代成立中国土木工程学会。

三、现代土木工程

现代土木工程以社会生产力的现代发展为动力，以现代科学技术为背景，以现代科学材料为基础，以现代工艺与机具为手段高速度地向前发展。

现代土木工程是以第二次世界大战后为起点，由于经济复苏，科学技术得到飞速发展，土木工程也进入了新的时代。从世界范围来看，现代土木工程具有以下特点：

1. 土木工程功能化　现代土木工程的特征之一是工程设施同它的使用功能或生产工艺紧密地结合在一起。现代土木工程已超出了它的原始意义的范畴，随着各行各业飞速发展，其他行业对土木工程提出了更高的要求，土木工程必须适应其他行业的发展要求。土木工程与其他工业的关系越来越密切，它们相互依存、相互渗透、相互作用、共同发展，例如大型水坝的混凝土浇筑量达数千万立方米，有的高炉基础达数千万立方米。对土木工程有特殊功能要求的特种工程结构也发展起来。如核工业的发展带来了新的工程类型。20 世纪 80 年代初已有 23 个国家拥有核电站 277 座，在建的还有 613 座。

随着社会的进步，经济的发展，现代土木工程也要满足日益增长的人们对物质和文化生活的需要，现代化的公用建筑和住宅工程融各种设备及高科技产品成果于一体，不再仅仅是传统意义上的只是四壁的房屋。

2．城市建设立体化　城市在平面上向外扩展的同时，也向地下和高空发展，高层建筑成了现代化城市的象征。美国的高层建筑数量最多，高度在 160～200m 的建筑就有 100 多幢。1973 年在美国芝加哥建成高达 443m 的西尔斯大厦，如图 1-8 所示。其高度比 1931 年建造的纽约帝国大厦高出 65m 左右。1996 年马来西亚建成高 450m 的吉隆坡石油双塔楼，目前世界最高，如图 1-9 所示。1998 年我国建成的上海金茂大厦高 421m，居中国第一，世界第三。

图 1-8　美国西尔斯大厦　　　　　图 1-9　吉隆坡佩重纳斯大厦

地铁、地下商店、地下车库和油库日益增多。道路下面密布着电缆、给水、排水、供热、煤气、通讯等管网构成了城市的脉络。现代城市建设已成为一个立体的、有机的整体，对土木工程各个分支以及它们之间的协作提出了更高的要求。

3．交通运输高速化　第二次世界大战以后，各国开始大规模地建设高速公路，1984 年已建成高速公路美国 81105km、德国 12000km、加拿大 6268km、英国 2793km。我国 1988 年才建成第一条全长 20.5km 的沪嘉高速公路，但到 2001 年高速公路通车里程已达 19000km，居世界第二。铁路出现了电气化和高速化。1964 年 10 月日本的"新干线"铁路行车时速达 210km。法国巴黎到里昂的高速铁路运行时速达 260km。交通高速化促进了桥梁和隧道技术的发展，日本 1985

年建成的青函海底隧道长达 53.85km；1993 年建成了贯通英吉利海峡的法英海底隧道，人们用 35min 就可以从欧洲大陆穿越英吉利海峡到达英国本土。

航空业得到飞速发展，航空港遍布世界各地；航海也取得了很大发展，世界上国际贸易港口超过 2000 个，大型集装箱码头发展迅速。

同时土木工程在材料、施工和理论方面也出现了新的趋势。

材料方面向轻质高强方面发展。工程用钢的发展趋势是采用低合金钢。强度达到 1860MPa 的高强钢丝已在预应力结构中得到普遍应用，有的国家已达 2000MPa。钢绞线和粗钢筋的大量生产，使长、大预应力混凝土结构在桥梁房屋中得以推广。

轻骨料混凝土、加气混凝土得到较大发展，混凝土的表观密度由 $2400kg/m^3$ 降至 $600\sim1000kg/m^3$。从世界范围来看 C50～C75 的混凝土已相当普遍。马来西亚吉隆坡石油双塔楼中，有的混凝土柱采用了 C80 的高强混凝土。1989 年在美国西雅图建成的双联合广场大厦中有的柱子混凝土强度达到 C120。

施工过程向工业化发展。大规模的现代化建设促进了建筑标准化和施工机械化。人们力求推行工业化的生产方式，在工厂中定型地、大量地生产房屋、桥梁的构配件和组合件，然后运到现场装配。在 20 世纪 50 年代后期，这种预制装配化的潮流几乎席卷了以建筑工程为代表的许多土木工程领域。工业化的发展带动了施工机械的发展，大吨位塔吊高度可达 140m，起吊能力达 25000t。大型钢模板、商品混凝土、混凝土搅拌运输车、输送泵等相结合，形成了一套现场机械化施工工艺，使传统的现场灌筑混凝土方法获得了新生命，在高层建筑、桥梁中广泛应用。

理论研究向精确化发展。一些新的理论与方法，如计算力学、结构动力学、网络理论、随机过程论、滤波理论等的成果，随着计算机的普及而渗进了土木工程领域。电子计算机使高次超静定的分析成为可能，1980 年英国建成亨伯悬索桥，单跨达 1410m，1983 年西班牙建成卢纳预应力混凝土斜拉桥，跨度达 440m，济南黄河斜拉桥跨度为 220m，这些桥在设计过程中均采用电算分析。薄壳、悬索、网架和充气结构等相继出现，1975 年美国密歇根庞蒂亚克体育馆充气塑料薄膜覆盖面积达 35000 多平方米，可容纳 8 万观众，上海体育馆圆形网架直径 119m，北京工人体育馆悬索屋面净跨为 94m。大跨度建筑的设计也是理论水平的一个标志。

从 20 世纪 50 年代开始，美国等有关国家将可靠性理论引入土木工程领域。我国近年来陆续颁布的工程结构设计标准，都已将基于概率分析的可靠性理论应用于工程实际。计算机也远不止是用于结构的力学分析，而是渗透到土木工程的各个领域，如计算机辅助设计、辅助制图、现场管理、网络分析、结构优化及人工智能等。这些都充分说明了现代土木工程在理论上已经达到了相当高的水平。

第二章 土木工程主要类型

土木工程是工程分科之一，是一个古老的学科。随着工程建设和科学技术的发展，又逐渐分成一些专门分科，土木工程按这些专门分科分为：建筑工程、桥梁工程、公路与道路工程、铁路工程、隧道工程、水利工程、港口工程、海洋工程、给水及排水工程和环境工程等。每一工程中都有结构设计与施工建设部分，同时都要考虑安全和经济问题，还需要跟上形势的发展。

第一节 建 筑 工 程

一、概述

典型的建筑工程是房屋工程，它是兴建房屋的规划、勘察、设计、施工的总称，目的是为人类生产与生活提供场所。人们对房屋的基本要求是"实用、美观和经济"。

就工程实体而言，建筑工程又称为建筑物，是指由人工建造的，供人们进行生活、生产或其他活动的房屋或场所。一般指房屋建筑，也包括纪念性建筑、陵墓建筑、园林建筑和建筑小品等。

房屋工程按其层数分，有单层、多层、高层、超高层。对后三者，各国划分的标准是不同的。我国将 2~9 层作为多层，10 层及 10 层以上的民用建筑和高度超过 24m 的公共建筑及综合性建筑作为高层建筑，更高的如 30 或 40 层（具体层数很难统一定出）则为超高层建筑，同时随着建设事业的发展，划分的标准也将改变。超高层建筑是与都市化的进程和人口的迅速增长相适应而产生的建筑，在一定程度上它满足了人口密集的大都市生活的需要。

房屋工程按其材料分，则有砌体结构的、木结构的、混凝土（包括劲性钢筋混凝土、钢管混凝土及预应力混凝土）结构的、钢结构和混合结构的。混合结构房屋一般是指墙、柱乃至基础为砌体材料（砖、石、砌块）砌筑，楼板为钢筋混凝土的或木的，以及屋盖为木屋架加瓦或钢屋架加瓦或钢筋混凝土的。国外在高层建筑中所说的混合结构通常是指柱为钢的，楼板为混凝土的。

房屋工程的构造组成如图 2-1 所示。它主要由基础、墙或柱、楼板、楼地面、楼梯、屋顶、隔墙、门窗等部分组成。

基础位于墙或柱的下部，起支撑建筑物的作用，把建筑物的荷载连同自重传给地基。

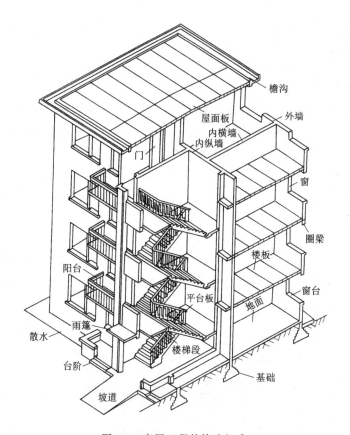

图 2-1 房屋工程的构造组成

承重墙与柱起承重作用，将屋顶、楼板传下来的荷载连同自重一起传给基础。同时外墙还能抵御风、霜、雨、雪对建筑的侵袭，使室内有良好的工作与生活环境，起维护作用；内墙将建筑物分隔成若干空间，起分隔作用。

楼板将整个建筑分成若干层，并承受作用在其上的荷载，连同自重一起，作为承重结构传给墙或柱。

地面（或称底层地坪）与楼板上的地面（或称楼面），均承受作用在其上的荷载，要求坚固、耐磨、防潮。

楼梯是楼层间的交通工具，是根据日常交通需要和紧急状态下的安全疏散要求设计的。

屋顶既是承重结构又是维护结构。承受作用在其上的各种荷载，包括风雪荷载和人的重量，连同自重一起，传给墙或柱，要求楼面具有保温、隔热、防水的能力。

门是为了人们进出房间和搬运家具、设备而设置的，有时也兼有采光和通风作用。

窗的主要作用是采光、通风。

二、楼盖

钢筋混凝土楼盖是最常采用的楼盖，除此之外也往往采用木或钢楼盖。在此仅介绍钢筋混凝土楼盖。

钢筋混凝土楼盖按施工方法不同分为现浇整体式楼盖和装配式楼盖两种。现浇整体式楼盖有单向板肋梁楼盖、双向板肋梁楼盖、密肋楼板和无梁楼盖；装配式楼盖常用的由空心板和双肋板装配而成。

单向板肋梁楼盖是由板、次梁及主梁组成，如图2-2所示。若板在次梁间的跨度 l_1 远小于其在主梁间的跨度 l_2，一般 $l_2/l_1 \geqslant 2$，楼板荷载沿短跨 l_1 传给次梁，沿 l_2 传给主梁的荷载很小，可以忽略；次梁承受由板传来的荷载连同其自重集中在其与主梁的交接处并传给主梁，主梁将这些集中荷载及其自重传至柱，柱再传至基础，通过基础，将柱的集中荷载分散开传至地基（土或岩石）。l_2/l_1 <2时，特别是 $l_2/l_1 \approx 1$ 时，则形成双向板肋梁楼盖，这时楼板荷载将传递至四周的梁上，又称周承板。

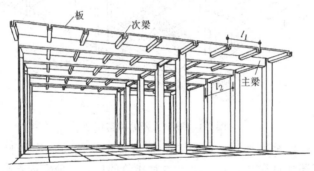

图 2-2　单向板肋梁楼盖

除柱间梁外，若中间还设有两个方向的梁，如图2-3所示，则构成双重井字楼盖。这种天棚艺术效果好，常用于公共建筑的门厅或宴会厅建筑，跨度有时超过20m，梁高有时超过2m。在双重井字楼板中当肋较密时则构成双重密肋楼板。过去由于模板复杂，很少采用。近些年由于硬塑模壳和金属龙骨的发展，已应用较多。

无梁楼盖为板柱结构体系，见图2-4。其中没有肋梁，平板直接支承在柱上，因此板厚较大。为了使板与柱较好地整体连接和减小板的计算跨度，在荷

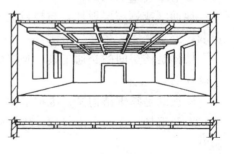

图 2-3　双重井字楼盖

载较大时通常采取加大柱上边尺寸，做成柱帽和柱顶板。当荷载较小时，也可不做柱帽和柱顶板。

装配式楼盖是在预制厂或工地预先制作好的楼板，运至现场用起重设备吊装使其就位，并在预制板上浇注钢筋混凝土涂层即形成装配整体式楼盖，见图 2-5。可以增加楼盖的整体性，从而提高房屋的空间刚度。对振动荷载或考虑地震作用的结构有利。

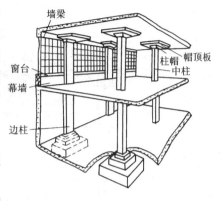

图 2-4　无梁楼盖

三、楼梯

楼层间的直接联系借助楼梯。楼梯有板式、梁式、剪刀式及螺旋式。

图 2-6a、图 2-6b 分别为板式和梁式楼梯。在板式楼梯中，斜的楼梯段直接支承在

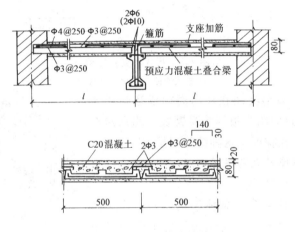

图 2-5　装配整体式楼盖

楼层梁和平台梁上，l_0 为楼梯板的受力跨度，因此板厚较大，但施工方便。在梁式楼梯中，板横向支承在两边梁上（有时板插入一边墙内），这时板很薄，而梁则支承在楼层梁和平台梁上。l_0 为边梁的计算跨度，当 l_0 较大时，为避免采用板式楼梯厚度过大，可采用梁式楼梯。

在公共建筑中，有时楼梯间需开大面积长窗，则楼梯间平台板在外面不便设梁和无墙支承，这时可将楼梯板设计成悬臂式的，由平台悬臂挑出。

在某些情况下，例如在室外楼梯或公共建筑大厅内，若将楼梯设计成有平台梁的，则为此必须加设柱支承，影响建筑效果。这时可设计成剪刀式楼梯，见图 2-7。

此外在公共建筑甚至在立交桥上，有时建造螺旋式楼梯，如可设柱，则将踏

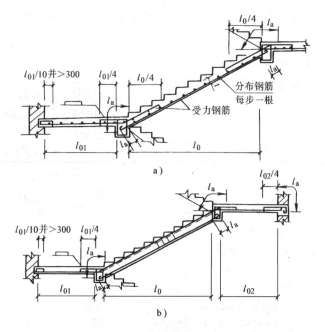

图 2-6　板式和梁式楼梯

a) 板式楼梯　b) 梁式楼梯

步板沿柱以螺旋线形浇注在柱内而构成螺旋式楼梯，见图 2-8。这时踏步板即为悬臂板。北京西直门立交桥的上桥楼梯即是这种螺旋式楼梯。

四、单层房屋及大跨房屋

（一）一般单层房屋

单层的民用住宅多用砌体砌筑，公用建筑如影剧院放映厅、试验室、仓库和厂房也往往采用单层结构。

除小型建筑采用砌体砌筑外，大型建筑采用钢筋混凝土结构或钢结构。

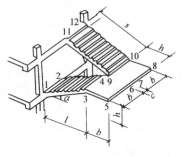

图 2-7　剪刀式楼梯

现浇整体式钢筋混凝土单层房屋结构通常采用平屋面或坡屋面的门式刚架，它可以是单跨的，也可以是多跨的。

如图 2-9 所示，钢筋混凝土装配式单层厂房则通常由如下构件组成：屋面板，天沟板，屋面梁或屋架，屋盖支撑，有时还有天窗架和屋架等及柱和连系梁及柱间支撑。四周砖墙和挂墙板是维护结构。此外还有山墙、抗风柱、基础和基础梁等。单层房屋的屋面也可用钢筋混凝土或钢做成拱形的，在我国 20 世纪 50 年代就得到应用。

（二）大跨屋盖结构

早在1959年我国就制成了跨度达60m的块体拼装式预应力混凝土拱形屋架，实际上就是大跨结构，它成功地应用于北京民航机库，与钢屋架相比降低造价25%。

目前世界上最大的预应力混凝土桁架是贝尔格莱德机库屋盖，跨度达135.8m。挪威建造的胶合层木屋架最大跨度达85.8m，于1993年建成。1981年建成的美国旧金山会议中心是地下建筑，其单层展览厅采用83.8m跨混凝土拱承重，48000kN拱推力由设在地下的预应力拉杆承受。20世纪50年代末，意大利曾在都灵用钢丝网水泥建成跨度为95m展览馆预制波形拱顶，拱顶由4.5m长预制段组成，两预制波间用混凝土现浇，见图2-10。

大跨屋盖往往采用钢结构，例如用钢管建成的网架或索结构。此外还可采用薄壳结构、充气结构等。

图2-8 螺旋式楼梯

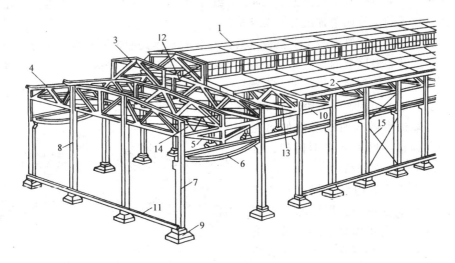

图2-9 单层装配式钢筋混凝土厂房

1—屋面板 2—天沟板 3—天窗架 4—屋架 5—托架 6—吊车梁 7—排架柱
8—抗风柱 9—基础 10—连系梁 11—基础梁 12—天窗架垂直支撑
13—屋架下弦横向水平支撑 14—屋架端部垂直支撑 15—柱间支撑

钢网架结构是空间网架，其杆件以钢管或型钢为主，有时也采用木、铝（合金）或塑料制作。网架结构以其工厂预制、现场安装、施工方便、节约劳力等优

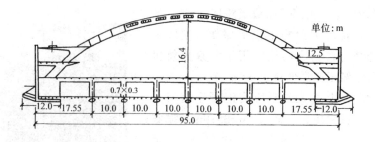

单位:m

16.4

12.5

0.7×0.3

12.0 | 17.55 | 10.0 | 10.0 | 10.0 | 10.0 | 10.0 | 17.55 | 12.0

95.0

图 2-10　都灵展览馆钢丝网水泥拱顶

点在很多场合下取代了钢筋混凝土结构。在 1964 年，我国第一座网架结构用于上海师范学院球类房的屋盖上，平面尺寸为 31.5m×40.5m；以角钢焊成。钢网架结构现在国内民用和工业建筑中应用很广泛。北京首都机场机库、双跨，进深 90m，机库上跨越大门的网架跨度达 153m，成都维修库跨度 140m，上海虹桥机库跨度 150m。上海体育馆平面为圆形，直径 110m，支承在周边 36 根钢筋混凝土柱上并挑出 7.5m，网架高 6m，三角形网格边长 6.1m，采用地面拼装、整体吊装的工艺。

在工业建筑中的网架结构，上万平方米的已建成 10 多座，其中面积最大的达 8×10⁴m²。此外网架结构也应用于多层建筑楼屋盖，如新乡百货大楼由 2 层改造成 6 层，采用平面尺寸 34m×34m 的组合网架；长沙 13 层纺织大厦，楼盖采用四点支承的正放四角锥组合网架结构。

组合网架以钢筋混凝土上弦板（通常是装配整体式的带肋平板）作为结构上表层，代替一般网架的上弦杆，是近二十年来发展起来的，它既可做楼盖，也可做屋盖。我国除新乡、长沙外，在徐州、上海、贵州等地共建成近 20 座组合网架屋盖和楼盖结构，最大跨度达 45.5m，有良好的效益。

网架也可做成曲线形的如筒壳网架、圆球形网架或异形网架，也可用圆钢焊成网壳结构。

网架的节点构件有焊接球节点和螺栓球节点两种。焊接球节点有焊接钢板节点和焊接空心球节。图 2-11 中的 a、b 分别是用型钢和钢管做成的焊接钢板节点。焊接空心球节点见图 2-12，它是我国最早采用

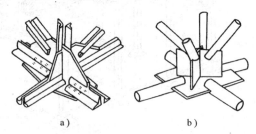

a)　　　　　b)

图 2-11　焊接钢板节点
a) 型钢构件　b) 钢管构件

的一种节点，也是我国采用最普遍的一种节点。螺栓球节点见图 2-13，由螺栓、钢球、销子、套筒和锥头组成，可通过高强螺栓来连接钢管杆件。螺栓球节点网架标准化程度高，甚至可以用统一杆件和统一螺栓组合成一个网架结构。

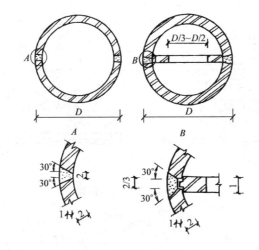

图 2-12　焊接空心球节点

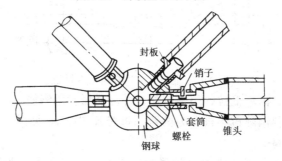

图 2-13　螺栓球节点

　　哈尔滨速滑馆巨型网壳结构，覆盖一个长圆形面积，中央为圆筒形壳，平面尺寸为 105.0m×86.2m，两端均为半球壳，直径 86.2m。整个网壳有 16000 多根杆件和近 4000 个节点，网壳厚 2.1m，用钢量为 50kg/m²。

　　天津市体育馆屋盖为圆球形网壳结构，直径 108m，覆盖 9160m²，外悬挑 13.5m。网壳厚 3m，用钢量为 42kg/m²。

　　攀枝花市体育馆屋盖为多次预应力钢穹顶网壳结构，其平面为正八角形，跨度近 65m。网壳屋盖矢高 11.3m，由 8 根钢筋混凝土柱支承。网壳杆件用 Q235 钢管，多数节点采用螺栓球，少量（15%）采用焊接空心球。实际用钢量为 49kg/m²。

　　北京亚运会朝阳馆见图 2-14，平面呈椭圆形，长、短径分别为 96m 和 66m，屋面结构为索网—索拱结构，由双曲钢拱、混凝土曲拱、预应力三角大墙组成，造型新颖，结构合理。

　　国家奥林匹克体育中心游泳馆屋盖为斜拉索双坡曲面组合结构体系。

　　图 2-15 为北京圆形体育馆建筑悬索屋盖，直径 94m，形如自行车轮，上下

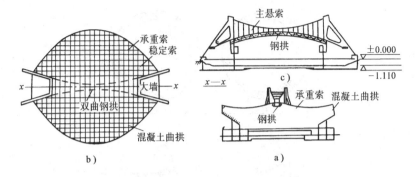

图 2-14　亚运会朝阳馆

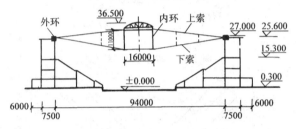

图 2-15　北京工人体育馆悬索屋盖

索采用高强钢丝，内环受拉，用钢制作，外环受压，用钢筋混凝土建造。

　　德国法兰克福国际机场机库为两跨，每跨长 135m，见图 2-16。采用悬索结构和轻混凝土屋盖。

　　美国亚特兰大奥运会佐治亚圆顶为世界最大索支屋面，见图 2-17。覆盖一个多功能体育场。体育场呈长圆形，有 70500 个座位，于 1992 年建成。图 2-18 为屋面体系的两向结构简图。

　　目前国际上有些建筑,如展览馆和体育场往往采用悬挂屋盖,例如加拿大蒙

图 2-16　法兰克福国际机场机库　　　　图 2-17　亚特兰大索支屋面

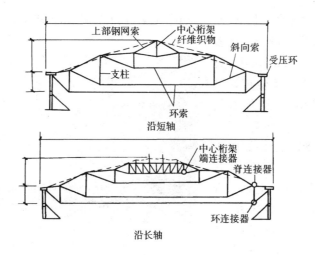

图 2-18　亚特兰大索支屋面两向结构简图

特利尔体育场设有一活动蓬布，由一座 18 层、高 168m 的钢筋混凝土斜塔楼悬

吊，斜塔内设置各类活动设施。新加
坡于 1992 年建成使用的运动综合体
由一座大型室外运动场和一座室内运
动场组成。室外运动场的屋盖约为
3600m² （120m×30m），由 5 根桅杆
上斜拉索悬吊，见图 2-19。室内运动
场有大小两座屋盖，大屋盖 2646m²
（67.5m×39.2m），由 4 根桅杆上斜
拉 索 支 承， 小 屋 盖 则 为 2438m²
（97.5m×25m），由 3 根桅杆上斜拉
索支承。悬挂的钢管屋盖结构是由三
角形抛物面形面钢桁架组成的。

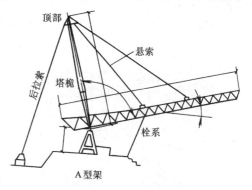

图 2-19　新加坡运动综合体

　　薄壳屋盖比较常用的有圆顶、筒壳、折板双曲扁壳和双曲抛物面壳等。

　　圆顶是一种古老的屋盖形式，古代用石材砌筑圆顶，因此厚重，直到结构钢
在工程中应用和混凝土发明后才可能建成薄壁圆顶。其他薄壳结构都是在 20 世
纪 20 年代中后期后陆续发展成的。

　　圆顶可以做成光滑的，也可做成带肋的。钢筋混凝土带肋圆顶是先预制好
肋，将肋架设就位后在肋上吊模板浇筑混凝土，也可采用喷射混凝土。

　　我国最大的混凝土圆顶是新疆某金工车间圆顶屋盖。世界最大混凝土圆顶是
美国西雅图金郡圆球顶，直径 202m。贝尔格莱德展览馆带肋圆顶直径约 110m，
在预制密肋设采光玻璃，光线充足。

日本出云的木结构圆顶见图 2-20，直径 140.7m，是世界上最大的木结构。

加拿大多伦多可伸缩的多功能体育场屋盖为钢结构，见图 2-21。于 1989 年建成，其外墙间距为 218m，圆形直径 192.4m。

日本福冈圆顶屋盖如图 2-22 所示，也是可伸缩的，体育场可用于足球和其他运动、音乐会、展览和影片的试映等，其直径为 213m，1993 年建成。

图 2-20　日本木结构圆顶

筒壳根据其宽度（也称波长）B 与跨度 L 之比不同分为长壳和短壳。当 $0.2 \leqslant B/L \leqslant 0.6$ 时为长壳，见图 2-23，当 $B/L > 0.6$ 时为短壳。壳厚很薄，长壳一般为 $60 \sim 75mm$，短壳一般为 $50 \sim 80mm$。长壳受力相似于圆弧形截面梁，刚度和承载力都很大，因此可做很大的跨度。

图 2-21　加拿大可伸缩体育场屋盖　　　图 2-22　日本福冈可伸缩圆顶屋盖

北京、上海展览馆的展览大厅都是短筒壳，翘板支承在拱上。

折板又称折壳，主要是无边梁的折板，由若干厚度很薄的平板构成，平板宽度可以不同；有边梁折板，由若干厚度不同的平板构成，其中边梁厚度应为板厚的 2～4 倍。若将筒壳面近似地分成若干份，各份用折线代替曲线，即成折壳，

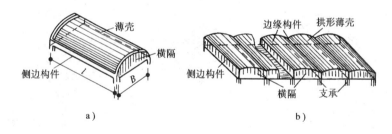

图 2-23　长筒壳

因此折壳受力与筒壳相似，也分成长折壳和短折壳。

美国 1976 年在波士顿一机场建成世界最长的混凝土折壳，跨度达 76.8m。

我国较多采用的是预制 V 形板，由两块预制并由细钢筋连接的薄平板，吊起放置于 V 形支座上与多组这种板相邻构成屋面，在波顶和波谷处都需浇筑混凝土。我国预应力折板最大跨度达到 30m。

双曲扁壳是由一条曲线在另一条曲线上移动构成，见图 2-24，一般是采用抛物线或圆弧形移动曲面，长短边之比不宜超过 2，最大矢高 f 与其覆盖面积的较小边之比不宜超过 1/5。北京火车站大厅 40m 跨扁壳为现浇混凝土光滑曲面，边拱拉杆加预应力。扁壳也可用预制壳板装配组成，或在地上预制成整体后提升或顶升。

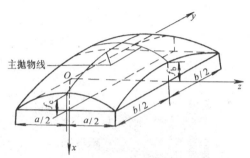

图 2-24　双曲扁壳

双曲抛物面壳在我国也称扭壳，是由一根直线沿两根不在同一水平面上的直线移动构成的双曲抛物面，如图 2-25 所示。这个曲面与垂直面相交，在一个方向上为正高斯曲率的抛物线，而在另一个方向上为负高斯曲率的双曲线，如图 2-25c 所示。图 2-25 所示的壳体由单块扭壳组成，可作屋盖或其他顶盖。扭壳的特点为壳中钢筋是直线的，钢筋加工方便。

图 2-26 为法国里昂应用科学学院两端为阶梯教室的建筑，其屋盖是双曲抛物面壳。单块扭壳采用不同组合可做成覆盖很大面积的多排多跨屋盖，并能很好解决自然通风和采光问题。

充气结构和应力膜结构是近数十年来发展起来的两类新型大跨屋盖结构。

日本东京后乐园棒球场就是空气薄膜结构，该结构跨度 201m，高度 56.19m。1975 年建成的美国密执安州庞蒂亚光城"银色穹顶"空气薄膜结构室内体育场平面尺寸为 234.9m×183.0mm，高 62.5m，是目前世界上规模最大的空气薄膜结构。

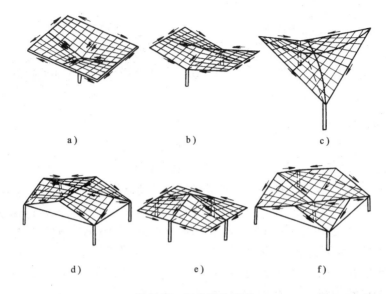

a)　　　　　　　b)　　　　　　　c)

d)　　　　　　　e)　　　　　　　f)

图 2-25　双曲抛物面壳

图 2-26　法国里昂应用科学学院

　　应力膜皮结构一般是用钢制薄板做成多块板片单元焊联成的空间结构。1959年建于美国巴顿鲁治的直径为 117m,高 35.7m 的应力膜皮屋盖,作为油罐车联合公司油罐车修理车间的顶盖。它是由一个外部管材骨架形成的短程线桁架体系支承 804 个双边长为 4.6m 的六角形钢板片单元,钢板厚度大于 3.2mm,钢管直径为 152mm,壁厚 3.2mm。这是膜皮结构应用于大跨结构的实例。

五、多高层房屋

（一）基本情况

多高层房屋的平面形状一般为方形、条形、工字形、槽形、回字形或 L 形，有时也做成圆形、Y 形、多边形及其他较复杂的形状。

多层房屋通常采用砌体（烧结普通粘土砖、烧结多孔粘土砖、混凝土小型砌块）、钢筋混凝土和钢建造。

由烧结普通粘土砖、烧结多孔粘土砖、混凝土小型砌块等块材，通过砂浆砌筑而成的房屋称为砌体结构房屋，砌体结构房屋在我国建筑工程中，特别是在住宅、办公楼、学校、医院、商店等建筑中得到了广泛应用。根据统计，砌体结构房屋在整个建筑工程中占 80% 以上。钢筋混凝土结构房屋主要有钢筋混凝土框架结构房屋和框架－剪力墙结构房屋。钢筋混凝土框架结构是由钢筋混凝土纵梁、横梁和柱等构件组成的承重体系，框架－剪力墙结构则是在框架房屋纵、横方向的适当位置，在柱间设置钢筋混凝土墙而成的。钢结构房屋是由钢梁和柱等构件组成的承重体系的房屋。

通常砌体结构房屋由于在水平荷载作用下抗拉和抗剪强度低，其高度受到限制，砌体结构房屋的最大高度和层数须根据各地区设防烈度按《建筑抗震设计规范》（GB50011-2001）确定。钢筋混凝土结构房屋和钢结构房屋则可以建得更高些，其最大高度的确定方法与砌体结构房屋相同。

在房屋建筑中有时必须设置变形缝。按其作用不同分为温度缝、沉降缝和防震缝。

温度缝是考虑建筑物过长而设置的。当温度变化时埋设在土壤内墙基础或柱下条形基础或箱形基础等下部结构受温度变化的影响小，这样上部结构的下部受到较大约束，因此当温度变化时可能导致上部结构出现裂缝。图 2-27 为多层砖墙因温度降低（相对于竣工时温度）而引起的裂缝。通常下部因受到约束影响较大，裂缝也较大，上部比较自由的也可能不出现裂缝。

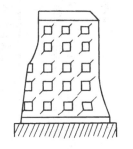

图 2-27　砖墙因温度降低而引起的裂缝

沉降缝是为防止因地基沉降不均匀导致上部结构裂缝或破坏而设置的。当建筑物层高相差较大，或地基不均匀或新旧建筑连接等情况下，都需设置沉降缝。

沉降缝需将基础断开，但温度缝则可不断开，因此沉降缝也可用作温度缝。

防震缝为防止两部分上部结构的刚度不同使其在地震中的振动频率和变形不一致而引起较严重的震害而设置的。所以在平面布置复杂，房屋高差大和刚度相差悬殊时均应设置防震缝。防震缝必须具有足够的宽度，否则反而会引起房屋两部分的碰撞导致更严重的后果。在 1975 年的海城地震中，海城招待所侧楼破坏的主要原因之一就是温度缝过小而加剧了震害。同时防震缝的宽度应随地震设防烈度和房屋高度的增加而增大。

（二）高层建筑

我国在改革开放开始的 20 世纪 70 年代后期，陆续在城市中兴建了不少高层和超高层建筑，而且在最近十几年来发展尤为迅速。

高层建筑的结构形式有：框架体系、剪力墙体系、内芯和外伸体系、筒式体系、混合体系。

1.框架体系　在框架体系中，有抗弯框架（又称纯框架）和支撑框架。

当房屋高度不高时，可采用抗弯框架（纯框架）。北京长富宫中心饭店（1989 年），其饭店部分包括主楼、管理楼和健身房。主楼平面尺寸为 48m×25.8m，地下 2 层，地上 26 层，标准层高 3.3m，地面上总高度 90.85m。图 2-28 为该饭店结构标准平面图。3 层以下为劲性钢筋混凝土框架结构，3 层及 3 层以上为钢框架结构，基础采用箱形基础。该饭店的办公楼地下 1 层，地上 8 层，标准层高 3.8m，地面上总高度 32.4m，采用现浇钢筋混凝土框架结构。长城饭店主楼也是钢筋混凝土框架结构，地下 2 层，地上 22 层，地面上总高度 82.85m，标准层平面呈 Y 形。

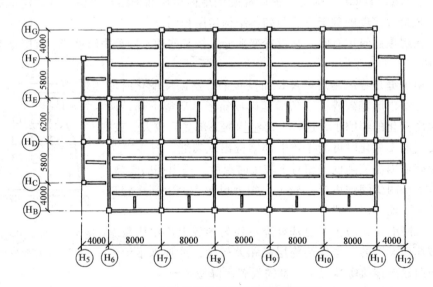

图 2-28　北京长富宫饭店结构标准平面图

为了增加框架的侧移刚度，往往在柱间加设支撑，以减小侧向位移。

2.剪力墙体系　剪力墙一般为一段钢筋混凝土墙体，其在平面内刚度和承载力很大，因此除了能承受竖向荷载外，还能很好地承受水平剪力。

我国广州白云宾馆（1976 年），其主楼平面呈矩形，见图 2-29，东西长

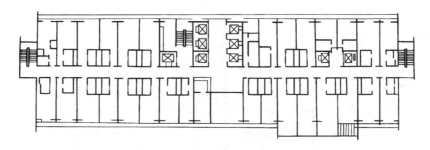

图 2-29 广州白云宾馆标准层平面图

70m，南北宽 18m，地下 1 层，地上 33 层，地面上总高度 112.45m。采用钢筋混凝土剪力墙体系。

上海锦江饭店分馆（新楼），46 层，地下 1 层，高 153m，平面呈 38.2m 的方形，是钢结构，其中采用了钢的剪力桁架和加钢板的剪力墙。

3．内芯和外伸体系　内芯一般为刚性大的结构，如剪力墙结构。外伸结构为与内芯刚性连接的水平结构，一般为高度很大的钢筋混凝土梁或钢桁架，有时高度即为层高，往往设置在设备层。

北京京城大厦地下 4 层，地上 52 层，高 183.50m，平面尺寸为 37.6m×57.6m，带锯齿菱形，见图 2-30。采用刚性框架＋剪力桁架＋周边外伸桁架体系，并筒部分安装斜撑后，配置钢筋并浇灌混凝土最后成为组合结构。

深圳地王大厦 68 层，屋顶 1 层，地下室 3 层，到楼板顶高 325m，到桅杆高 384m。68 层塔楼由中心钢筋混凝土芯墙和 4 个水平上与刚性外伸钢结构连接，以及在每层上与次梁连接的周边刚性钢框架组成，1995 年建成，是当时最高的钢结构。

4．筒式体系　筒体一般由剪力墙形成。高度较大的单筒结构很难承受水平力的作用。一般筒式体系为组合体，如框筒体系、筒中筒体系、桁架筒体系和成束筒体系。

广州深圳华联大厦（1989 年），地上 26 层，地下 1 层，高 88.8m，平面为方形，框筒体系，由内筒为剪力墙＋周边框架组成，如图 2-31 所示。

广州广东国际大厦（1990 年），地上 63 层，地下 3 层，高 200.18m，是筒中筒体系。

香港中国银行是桁架筒体系。美国芝加哥约翰汉考克中心（1969 年），地上 100 层，地下 2 层，高 334m，采用钢斜撑周边桁筒结构，是最早采用这种巨型桁架的。

著名的美国芝加哥 Sears 塔楼（1974 年），是成束筒体系，大大减小了剪力滞后效应。

5．混合体系　混合体系不仅仅是单一抵抗侧向荷载的结构体系。

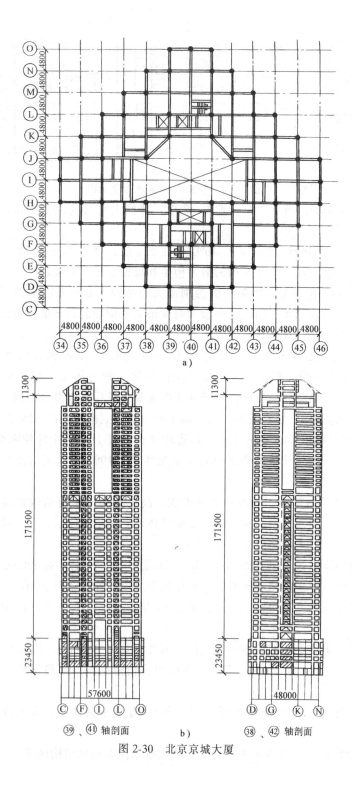

a)

⑨、⑪ 轴剖面   b)   ⑧、⑫ 轴剖面

图 2-30 北京京城大厦

新加坡海外联合银行中心见图 2-32，采用钢框架以及混凝土抗震墙。

美国西雅图双联合广场塔楼地上 56 层，地下 4 层，高 220m，采用钢结构和钢管混凝土组合柱，其中四根直径为 3.05m 的钢柱内浇筑是当时世界记录的高强混凝土，混凝土强度为 120MPa。

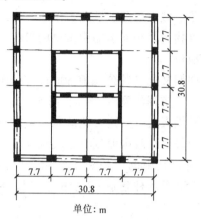

单位：m

图 2-31　深圳华联大厦

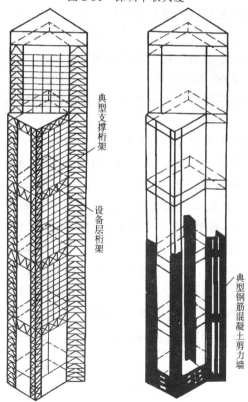

图 2-32　新加坡海外联合银行中心

第二节　桥梁工程

一、概述

桥梁工程是指供公路、城市道路、铁路、渠道、管线等跨越水体、山谷或彼此间相互跨越的工程构筑物，是交通运输中重要的组成部分，在国民经济与社会发展中占有及其重要的地位。

在我国新石器时代仰韶文化（约公元前5000—前3000年）的原始人聚居遗址，发现为防止野兽侵入，挖掘的宽3～4m、深5～6m的梯形围沟，其上部铺设单根树干做成的独木桥供人通行，这可能就是原始的桥梁。

根据史书记载，我国最迟在战国时期（公元前475—前210年）开始正式建桥。渭河上、中、下三桥，其中的中桥建于秦始皇时期（公元前221—前210年），为68跨梁桥，用750根木柱建造67个桥墩，桥宽达13.8m；其他两渭桥则建于西汉。

唐武后时，李昭德重修利涉桥，叠石代柱，复锐其前，以分水势，遂开今日"分水金刚墙"（桥墩迎水面带尖端）之先例。后来国内外不少桥墩采用这种先进构造。

世界上现存最古老的石桥在希腊的伯罗奔尼撒半岛，是一座用石块干垒的单孔石拱桥，距今已有3500年的历史。

现代桥梁多用钢筋混凝土、预应力混凝土和钢材建造。

二、板梁桥

板梁桥一般采用钢筋混凝土建造，见图2-33a，钢筋混凝土简支板桥的跨度很小，其经济合理跨度在13～15m以内（1966年建成的永定河桥，采用预应力空心板，简支支承，跨度12.5m），预应力混凝土连续板梁桥跨度也不宜超过35m。当跨度较大时，板很厚（此时自重常达到总荷载的40%～60%，甚至更多），不经济。为此，可将图2-33b中剖面空白部分混凝土挖去，则构成板梁式体系，此时荷载由板在其跨度内传递至梁，因板的跨度减小，板厚减薄，而梁高较大，但因梁宽度小增加自重少，虽然跨度大，也能承受由板传来的较大荷载。当跨度更大时，梁的截面也将很大。这时可做成箱形截面桥，如图2-33c所示，或桁架桥。板梁桥制作方便，便于工业化成批生产。

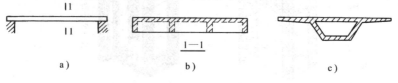

a)　　　　　　　b)　　　　　　　c)

图2-33　板梁桥

世界上最大跨度的简支梁桥是奥地利 ALM 桥，见图 2-34，跨度 76m，采用双预应力构造。我国最大跨度的简支梁桥是浙江温州飞云江桥，见图 2-35，跨度 62m，按一般预应力构造。

我国湖南渌江桥见图 2-36，为 8 跨连续伸臂桥，石墩木梁，墩中心线间距离约 21m，悬孔跨度约 10m。这座桥始建于南宋时期，后多次修建。

图 2-34　ALM 桥

图 2-35　浙江飞云江桥

图 2-36　湖南渌江桥

多跨梁式桥还可以做成连续的，这与一孔孔简单搁支的桥相比较可减小截面，节约材料。多跨梁式连续桥是一个超静定体系，对支座沉陷比较敏感。

三、刚架桥

过去，由于建桥的木、石材料的性质，不能使跨度结构与桥墩构成整体的刚性连接，只有在采用混凝土和钢材作为建桥材料后才有可能实现。所谓"刚架桥"是指桥面结构和桥墩整结的桥。

刚架桥跨度不是很大时，多做成板式的，跨度大时，则做成梁式的，包括箱形梁式的，因为桥身与桥墩刚性连接，能够与支座截面共同承担弯矩，跨中截面较连续梁更小，这不但美观，而且对通航有利。

巴西－阿根廷国际界河伊瓜苏河上坦克雷多－尼维斯总统预应力刚架桥见图2-37，跨度分布为130m＋220m＋130m，即采用平衡悬臂法施工的。该桥截面为单室箱形，宽为8m，高度在支座处为12.8m，跨中为4m，桥宽为6.5m。除跨中整接成刚架桥外，T构桥在跨中接头可为剪力铰接头和带挂梁的。1966年建成的四川石棉大渡河桥见图2-38，跨中接头是采用剪力铰接头，1980年建成的重庆长江大桥见图2-39，跨中接头是采用带挂梁，主跨174m，挂梁3.5m。

图2-37　坦克雷多-尼维斯总统预应力刚架桥

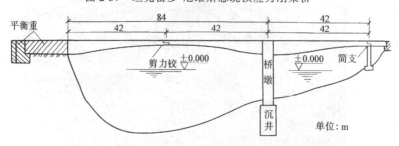

图2-38　四川石棉大渡河桥

图 2-39　重庆长江大桥

四、拱桥

拱桥是我国在公路上广泛应用的桥梁形式之一，主要有两种形式：实肩拱（见图 2-40）和敞肩拱。驰名中外的河北赵县安济桥为敞肩拱，见图 2-41。

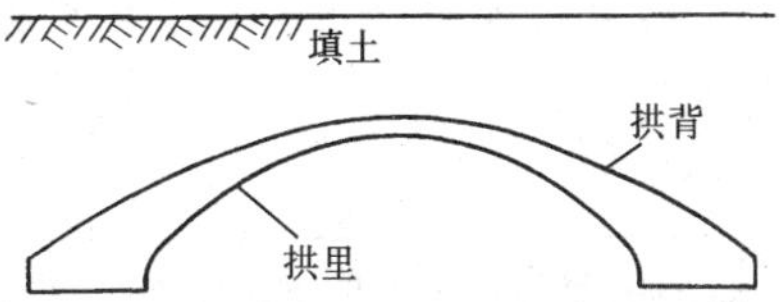

在 1961—1991 年的 30 年间，我国已建成跨度为 100m 和大于 100m 的敞肩拱石拱桥 10 座，它们是：①云南长虹桥，主跨跨度 112.5m（1961 年）；②广西红都桥，主跨跨度 100m（1965 年）；③四川酉阳龚滩桥，跨度 100m（1965 年）；④四川富顺沱江桥，主跨跨度 111m（1968 年）；⑤湖南㳚湾桥，跨度 105m（1971 年）；⑥江

图 2-40　实肩拱

图 2-41　赵州桥

津游渡桥，跨度100m（1972 年）；⑦四川九溪沟桥，跨度 116m，如图 2-42 所示（1972 年）；⑧广西龙武桥，主跨跨度 100m（1978 年）；⑨山西晋城丹河桥，主跨跨度 105m（1982 年）；⑩湖南凤凰县乌巢河桥，跨度 120m（1991 年）。

图 2-42　四川九溪沟桥

乌巢河桥为双肋式的，其纵横截面如图 2-43 所示，是目前世界上最长的石拱桥。

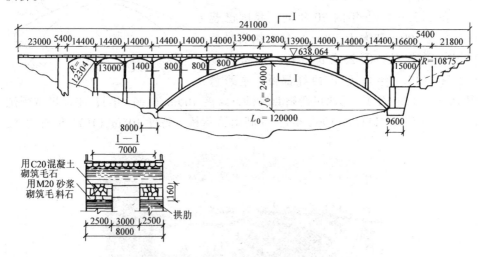

图 2-43　湖南乌巢河桥纵横截面

我国上列 10 座石拱桥，均位居世界前列，除此之外跨长最大的石拱桥为德国 Plauen 和 Syra 桥（1903 年），跨度 90m。

1964 年我国首次在无锡建成一座 9m 的双曲拱桥。双曲拱桥其横截面呈曲线形，截面刚度和承载力得到很大提高。这种型式桥发展很快，目前跨度最大的混凝土双曲拱桥为河南前河桥，跨度 150m，1968 年建成。双曲拱桥的主拱圈通常是由拱肋、拱波和横向联系等几部分组成，如图 2-44 所示。石砌双曲拱桥最大跨度100m。江津游渡桥和龙武桥都是带肋的双曲拱桥。

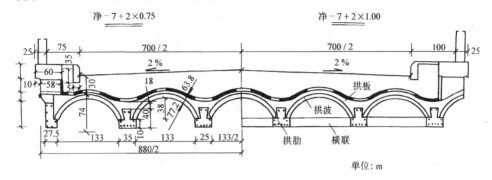

图 2-44 双曲拱桥

世界最长的敞肩混凝土拱桥为克罗地亚首都萨格列布附近的 KAK Ⅱ 号桥，跨度 390m（1980 年）。我国万县 318 国道线上的万县拱桥，主跨跨度 420m（1997 年），为世界上最长的混凝土拱桥，采用钢管混凝土和型钢骨架上浇筑成三室箱型截面，是上承式拱桥。

美国罗斯福湖桥（1990 年）是一座跨度为 329m 钢拱桥，见图 2-45。拱脚标高为 649.5m，该地 200 年遭遇的洪水水位达 663m，为了保持钢拱在水位之上，拱肋下部 158m 用混凝土建造。钢的部分和混凝土部分在钢—混凝土连接处借锚固底板构成连续，每一底板需要 32MN 预应力。钢箱截面高度在拱顶压力最小处为 2.44m，变化至支座底部压力最大处为 4.27m。

图 2-45 罗斯福湖桥

五、桁架桥和桁架拱

北宋末年画家张择端所作《清明上河桥》中的虹桥实际是一桁架拱。其构造简图见图 2-46。

目前国内外建造了很多钢和预应力混凝土桁架拱桥。

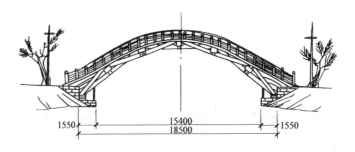

图 2-46　虹桥构造简图

世界最早的跨度超过 500m 的铁路桁架桥为英国 Forth 桥（1890 年），如图 2-47 所示，跨度为 521m，加拿大 Quebee 桥（1917 年），如图 2-48 所示，跨度为 564m，仍为世界上最长的铁路桁架桥，日本于 1974 年建成的港大桥主跨跨度 510m，为世界最长的公路桥。

图 2-47　英国 Forth 桥

图 2-48　加拿大 Quebee 桥

我国最大跨度的钢桥为京广线上的九江桥，见图 2-49，11 跨钢桁架总长 1806.6m，为双层公铁两用桥，上层为 4 车道公路桥，下层为双线铁路桥，其中三孔主跨为栓焊的，跨度为（180＋216＋180）m 的连续钢桁架梁与柔性钢加劲拱组成。

图 2-49 京广线上九江桥

国外建成的预应力混凝土桁架桥跨度较大，前苏联 1965 年在伏尔加河上建成（106＋3×160＋106）m 预应力混凝土桁架桥。我国最长的预应力混凝土桁架桥为福建闽江上洪塘桥（1990 年），主跨跨度 120m。

六、索桥

四川灌县的安澜桥是我国最著名的竹索桥，建造于战国时代。桥长 340m，8 跨，除中间一座石墩外，江中另有 6 只木架；最大跨径达 61m，宽 3m 多，高 13m。

1979 年出版的《桥梁史话》中从明万历时（1573－1619）的《蜀中名胜记》书中归纳出中国古代建造索桥的两种方案，如图 2-50 所示，应当为现代斜拉桥和悬索桥的雏形。

1931 年美国建成乔治·华盛顿悬索桥，主跨跨度 1067m，是人类跨越 1000m 空间的开始。

1. 斜拉桥　目前世界最长的斜拉桥为 1994 年底建成的法国诺曼底桥，见图 2-51，主跨 856m，加劲结构为三室箱形截面，该桥为混合型的，主跨 856m 中 624m 采用钢箱梁，而侧跨则采用混凝土箱梁并每边向主跨内伸入 116m。

2. 悬索桥　美国 1937 年建成主跨跨度为 1280m 的金门桥，为当时世界最长的悬索桥。1964 美国建成的 Verrazano 海峡桥，主跨跨度 1298m。1981 年英国建成的 Humber 悬索桥，主跨跨度 1410m 是目前世界最长的悬索桥。1997 年建成的香港青马大桥主跨跨度 1377m，为目前世界最长的公铁两用悬索桥。

我国 1996 年建成通车的三峡西陵悬索桥，跨度 900m。1996 年建成的虎门

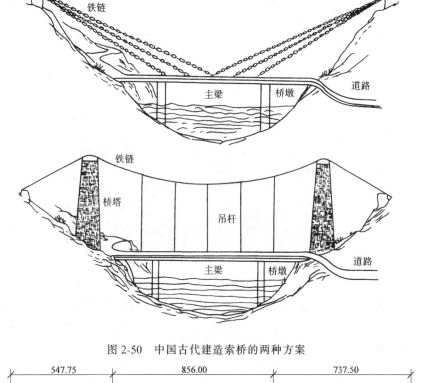

图 2-50　中国古代建造索桥的两种方案

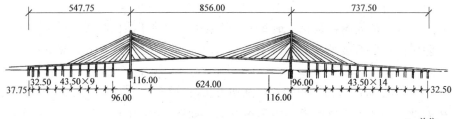

单位：m

图 2-51　法国诺曼底桥（单位：m）

悬索桥，跨度 888m。1999 年建成的江阴桥，主跨跨度 1385m，是目前国内最长的悬索桥。

七、桥墩台

桥梁结构的支承，在两端的称为桥台，中间的称为桥墩。桥台的作用是将荷载传递给地基基础，使桥梁与路基相连，并承受桥头填土的水平土压力。桥墩连接相邻两孔桥跨结构，除了要承受桥面上的荷载，还要承受水流压力乃至船只的撞击力。

对中小型桥可以做成有翼墙的类似于挡墙的轻型桥台，大桥则可采用混凝土沉井和桩基础。我国采用的钻孔灌注桩有深达 104m 的，大型管桩直径达 5.8m。

拱桥桥台还需要承受拱的推力，在设计中应很好考虑，因为一旦这个推力不能很好被支承而引起拱座发生位移，则将严重影响拱桥的安全。

桥墩有单片墙式的，也有多根柱组成排架的或做成双排桥墩的。

索桥桥墩即为桥塔。

第三节　公路与道路工程

根据记载纪元前 3000 多年前因修建金字塔为运输材料而在埃及铺筑了大道。我国秦时已修驿道通车马，成为正式的古代公路。罗马帝国道路是以罗马为中心而向外修建了 29 条道路并划分为国道、地方道和乡村道。

一、公路工程

公路为联络各城镇、乡村、工矿基地之间主要供汽车行驶的道路，分路面或行车道和路肩，如图 2-52 所示。

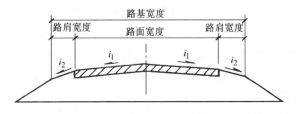

图 2-52　公路剖面

路面一般采用槽形截面，即在整个行车宽度范围内开挖成槽形，然后分层铺筑路面结构层。新建土路也可将路基土挖出一部分用以增高路肩做成半槽式或路槽。

根据交通部颁布的《公路工程技术标准》，按公路使用任务、性质及交通量，将其技术等级划分为两类、五个等级。即汽车专用公路和一般公路两类。

根据交通量分：汽车专用公路分高速公路、一级、二级公路；一般公路分二级、三级、四级公路。按行政的等级和使用性质分为：国家干线公路、省干线公路、县公路、乡公路和专用公路等五类。

路面宽度主要决定于车道数和每条行车道的宽度。通常双车道的（二级和三级公路）宽 7.0m；四车道的（二级公路）宽 15.0m。

为了排水，路面及路肩应做有一定的坡度，i_1 及 i_2。它随路面的平整度而异，如混凝土路面 i_1 为 1%～1.5%；沥青路面 i_1 为 1.5%～2.5%；i_2 一般较 i_1 大 1%～2%。

路面结构层分为面层、基层、底层和垫层。各层作用不同。面层由承重层、磨耗层和保护层组成。承重层主要承受车辆的垂直荷载，是面层中的主要部分；

磨耗层承受车轮的水平力和吸附力，同时也受到气温、湿度等自然因素的影响；保护层的主要作用是保护磨耗层，延长磨耗层使用寿命。基层主要承受由面层传来的车轮荷载，将它分布到下面的层次上，能起到减小面层厚度的作用，一般用碎石、砾石、石灰土或各种工业废渣修筑。垫层是在路基排水不良或有冻胀翻浆的路段上设置。垫层一方面起着排水、蓄水、防热、防冻和稳定土基的作用，另一方面也能协助基层或基底层分布上层传来的车轮荷载，可用片石、手摆块石、砂、砾石等修筑。

路面有高级、次高级、中级和低级四种。高级路面为水泥混凝土路面、沥青混凝土路面等。次高级为沥青贯入式碎石、砾石路面。石灰、沥青、水泥加固土路等则属中级路面。粒料（粗砂、碎石、砾石、煤矿渣、碎砖瓦等）加固土路面及各种当地材料加固或改善土路面则属低级路面。

路面按荷载作用下工作特性分，则有柔性路面、刚性路面和半刚性路面。沥青混凝土、沥青贯入式碎石、砾石路面，泥（水泥）结碎石路面等属于柔性路面；混凝土路面属于刚性路面；石灰或水泥加固路面属于半刚性路面。

公路路面在使用过程中，直接经受行车和风霜、雨雪、日照等自然因素的作用。为了保护路面具有良好的使用性能，对公路路面应提出强度、稳定性、平整度、粗糙度和少尘性等几方面的要求。对粗糙度的要求是防止路面过于"光滑"，以至车轮空转打滑。

图 2-53 为 204 国道山东省烟台—青岛一级公路的烟台路段，该公路全长190km，1990 年建成。

图 2-53　204 国道山东省烟台—青岛一级公路

在公路的曲线部分，因为快速行驶的汽车产生离心力，路面外侧应垫高，以免车辆在快速行驶时倾覆。同时公路的直线部分不宜过长，否则驾驶员会产生麻痹思想而导致交通事故。

在城市为了解决立交问题，可修建高架公路。

高速公路是供汽车高速行驶的公路。必须具备六个条件：①通车能力：4车道昼夜交通量要达到2~5万辆车次，6~8车道达到10~20万辆车次，而一般公路仅达到0.2~0.5万辆车次；②高速行驶：一般时速为80~120km/h，最高达160~180km/h，一般公路为60~80km/h；③出入限制严；④路面设计宽，必须至少4个车道，每个车道宽均在3.95~4.27m之间，上下行线间必须设置中央分隔带；⑤立体交叉便利；⑥配备系统齐全。

世界上最早的现代化高速公路是德国1951年建成的波恩至科隆公路。我国开始建设的第一条高速公路是辽宁省沈阳—大连公路，于1984年开工，1990年完成，该高速公路为4车道，沥青混凝土路面，全长375km。最早通车的是沪嘉高速公路，全长20.5km，于1988年通车。

京津塘高速公路，全长143km，为4车道沥青混凝土路面，1992年全线建成。

1996年9月通车的沪宁高速公路，全长274km，根据专家鉴定，其水平为国内第一，国际先进。

我国高速公路多为沥青混凝土路面，个别为水泥混凝土路面。

高速公路还要求路线顺滑，纵坡较小，路面中间设分隔带，在必要处设坚韧的路栏。为保证行车安全，应有必要的标志、信号和照明设备，禁止行人和非机动车在路上行驶，与铁路或其他公路完全采用立交办法。

二、城市道路工程

城市道路是城市中行人和车辆往来的专门用地，是连接城市各个组成部分（包括中心区、工业区、生活居住区、对外交通枢纽以及文化教育、风景游览、体育活动场所等），并与公路相贯通的纽带，使城市构成一个相互协调的有机联系整体。

城市道路由以下各部分组成：①供各类车辆行驶的行车道；②专供行人步行交通的人行道和禁止车辆通行的步行专用道；③沿街绿化地带；④为组织交通、保证交通安全的辅助性交通设施；⑤道路排水设施；⑥路段、交叉口、交通广场、固定停车场等；⑦沿街的地上设备和沿街的地下管线，见图2-54。

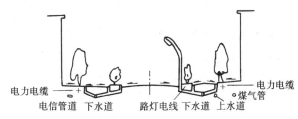

电力电缆　　　　　　　　　　　　　　　　电力电缆
电信管道　下水道　　路灯电线　下水道　上水道　煤气管

图 2-54　城市道路的组成

根据交通部颁布的《城市道路设计规范》，按道路在城市道路系统中的地位、使用任务、交通性质和交通特征以及对沿线建筑物的车辆和行人进出的服务功能等，将城市道路分为四类或三类。大城市一般分为四类，即快速路、主干路、次干路、支路。小城市一般分为三类，即主干路、次干路、支路。中等城市可视规模按四类或三类考虑。除快速路外，每类道路按照城市规模、设计交通量、地形等分为一、二、三级。大城市采用一级标准；中等城市采用二级标准；小城市采用三级标准。

快速路一般设置在直辖市或较大的省会城市，主要属于交通性道路，为城市远距离交通服务。交通组织采用部分封闭，在对向车道间设置中间分隔带。快速路与高速公路及主干路交叉时，必须采用立体交叉，与次干路相交，当交通量可维持平面交叉时，也可设平面交叉，但需保留立体交叉的可能用地，一般不能与支路相交。行人不能穿越快速道路，在过路行人集中地点必须设置地道或行人天桥。沿路严禁设置吸引人流的公共建筑的出入口。

主干路是城市道路的骨架，连接城市各主要分区的交通干道，以交通运输为主。在非机动车多的主干路上宜采用分流形式，即设置两侧分隔带，横断面布置为三幅道。

次干路是城市的一般交通道路，兼有服务性功能，它配合主干道共同组成干道网，广泛联系城市各部分与集散交通流。

支路是次干路与街坊路的联络线，解决城市地区交通，以服务功能为主。

城市内的道路纵横交织组成网络，故城市道路系统又称为城市道路网。常用的道路网大体上可归纳成四种形式：方格式、放射式、自由式和混合式。

方格式道路网又称棋盘式道路网，是最常见的一种形式。适用于平坦的中小城市或大城市的个别区域。优点是街坊整齐，便于建筑物布置；道路定线方便；交通组织简单便利，系统明确；易于识别方向。缺点是对角线两点间绕行路程长，增加市内两点间行程，交通工具使用效率降低。图 2-55 是郑州市北区道路网平面图，是一个典型的方格式道路网。

放射环形式道路网，是国内外大城市和特大城市采用较多的一种形式。它以城市为中心，环绕市中心布置若干环形干道，联系各条通往中心向四周放射的干道。优点是中心区与各区以及市区与郊区都有短捷的道路联系，道路分工明确，路线有曲有直，较易适应自然地形。缺点是容易把车流导向市中心，造成市内交通压力过重。图 2-56 是成都市的道路网，属放射环形式道路网。

自由式道路网往往是结合地形布置，路线弯曲，无一定的几何图形，适用于自然地形条件复杂的城市。优点是能充分利用自然地形，节省道路建设投资，形式自然活泼。缺点是不规则的街坊多，影响建筑物的布置，路线弯曲不易识别方向。我国青岛、重庆、渡口等城市的道路网即属于自由式道路网，图 2-57 是青岛市的道路网平面图。

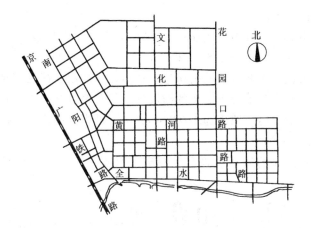

图 2-55　郑州市北区道路网

混合式道路网是结合城市的条件，采用几种基本形式的道路网组合而成，有的城市是因城市分段发展而成为混合式道路网。目前不少大城市在原有道路网基础上增设了多层环状路和放射形出口路，形成了混合式道路网。这种形式道路网，既具有前述几种形式道路网的优点，也能避免它们的缺点。我国北京、上海、天津、沈阳、武汉、南京、合肥等城市的道路网均属于这种道路网。

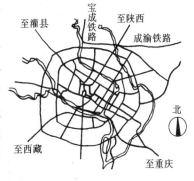

图 2-56　成都市道路网

城市道路的总宽度是城市规划红线之间的宽度，也称路幅宽度。它是行车道、人行道、绿化带、分车带等所需宽度的总和。

行车道宽度包括机动车道宽度和非机动车道宽度。车道宽度主要决定于车道数和每条行车道的宽度。机动车每条车道宽度一般为 3.0～3.75m。大中城市主干道宜采用四车道（双向），次干道则采用双车道（双向）；对于交通量不大的小城镇的主干道可采用双车道（双向）。根据经验，对于双车道多用 7.5～8.0m；三车道用 10～11m；四车道用 13～15m；六车道用 19～22m。非机动车每条车道宽度一般为 1.0～2.5m。根据设计实践，非机动车车道基本宽度可采用 5.0m（或 4.5m）；6.5m（或 6.0m）；8.0m（或 7.5m）。

人行道宽度与道路路幅宽度之比大体上在 1

图 2-57　青岛市道路网

:7~1:5 之间比较合适。

分车带最小宽度不宜小于 1.0m，如果在分车带上考虑设置公共交通车辆停车站台时，其宽度不宜小于 1.5~2.0m。

为了使城市道路上及毗邻的街坊建筑物出入口的雨水能迅速排入道路两侧的街沟或雨水口，除人行道设置必要的横坡外，行车道也必须设置路拱，使路面具有一定的坡度，如混凝土路面为 1.0%~1.5%。沥青路面为 1.5%~2.5%。人行道坡度为 1.0%~2.5%。

城市道路横断面的基本形式有单幅路、双幅路、三幅路和四幅路，见图 2-58。

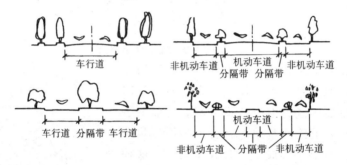

图 2-58 城市道路横断面的基本形式

郊区道路以货运交通为主，行人和非机动车很少。其组成如图 2-59 所示。

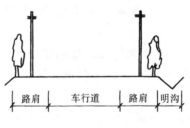

图 2-59 郊区道路

第三章 土木工程材料

土木工程材料是指各类土木工程（建筑工程、道路、桥梁、港口等）中所用的材料。土木工程材料是各项基本建设的重要物质基础，其质量直接影响工程的质量与寿命。土木工程材料通常分为无机材料、有机材料及复合材料三大类。

第一节 石材、砖、瓦和砌块

一、石材

目前在土木工程中，石材主要用作结构材料、装饰材料、混凝土集料和人造石材的原料等。

1. 砌筑石材

（1）毛石：形状不规则的块石叫毛石。毛石可以用于建筑物的基础、墙体、堤坝、挡土墙、桥涵等。

（2）料石：经过人工或机械开采出的较规则的块石叫料石。料石主要用于砌筑墙身、踏步、拱和纪念碑、柱等。

2. 装饰石材 建筑上常用的装饰石材有天然大理石板材、天然花岗岩板材等。

（1）天然大理石板：天然大理石板纹理美丽，是建筑物室内装修的高级材料，可以用于地面、栏板、柱面、踏步等。由于其所含的 $Ca(OH)_2$ 易于与空气中的硫酸反应，被腐蚀，使表层失去光泽，因此天然大理石板不适用于室外。

（2）天然花岗岩板材：花岗岩板材质地坚硬密实，耐磨、耐压、耐酸、耐腐蚀、抗冻性好，因此可以广泛用于建筑物室内外墙面、地面、柱面等的饰面。

二、砖

以粘土、页岩、煤矸石或粉煤灰为原料，经过成坯、焙烧所得的用于砌筑工程的砖称为烧结砖。烧结砖按孔洞率可分为：粘土砖、多孔砖和空心砖。

（一）烧结普通砖

1. 烧结普通砖的焙烧 烧结普通砖的原料主要是粘土、粉煤灰、页岩、煤矸石等，将原料制成坯体，经干燥后入窑焙烧。焙烧是一个复杂的化学反应过程。

2. 烧结普通砖的技术性质

（1）规格：烧结普通砖的外形为直角六面体，标准尺寸是 240mm×115mm

×53mm。

（2）强度等级：烧结普通砖按抗压强度分为 MU30、MU25、MU20、MU15、MU10、MU7.5 共六个强度等级。

（3）抗风化性能：抗风化性能是烧结普通砖主要的耐久性之一。它是指在干湿、温度、冻融变化等物理因素作用下，材料不破坏并长期保持其原有性质的能力。抗风化性能越强，耐久性越好。

（4）泛霜：泛霜是指砖内可溶性盐类（如硫酸钠等）随着砖内水分蒸发，逐渐于砖的表面析出一层白霜。严重泛霜的出现不仅有损于建筑物的外观，而且对建筑结构的破坏较大。

（5）石灰爆裂：烧结砖的原料中夹有石灰质，经过焙烧，石灰质变为生石灰，生石灰吸水熟化为熟石灰，体积膨胀，使砖产生内应力，导致砖发生爆裂现象。

（6）质量等级：强度和抗风化性能合格的砖根据尺寸偏差、外观质量、泛霜和石灰爆裂分为优等品、一等品和合格品三个质量等级。

3.烧结普通砖的应用　烧结普通砖是砌筑工程中的一种主要材料。它可用作墙体，亦可砌筑柱、拱、烟囱及基础等。

（二）烧结多孔砖和烧结空心砖

为减轻建筑物自重，节约粘土资源，节省烧结时的燃料消耗，提高墙体施工工效，并能改善砖的隔热、隔声性能，推广使用多孔砖和空心砖是我国墙体材料改革的一项重要内容。

1.烧结多孔砖　烧结多孔砖是以粘土、页岩或煤矸石为主要原料烧制的主要用于结构承重的多孔砖。烧结多孔砖的孔洞率一般在 15% 以上。在建筑中烧结多孔砖多用于砌筑六层以下的承重墙或高层框架结构填充墙。多孔砖形状见图3-1。

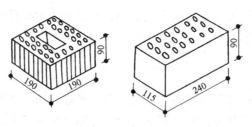

图 3-1　烧结多孔砖

2.烧结空心砖　烧结空心砖是以粘土、页岩或粉煤灰为主要原料烧制的空心砖。空心砖顶面有孔，孔大而少，而多孔砖孔小而多。空心砖的孔洞率一般在30% 以上。空心砖形状见图3-2。

烧结空心砖自重较轻，强度较低，多用于非承重墙，如多层建筑内隔墙或框架结构的填充墙等。

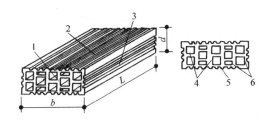

图 3-2　烧结空心砖

1—顶面　2—大面　3—条面　4—肋　5—凹线槽　6—外壁

L—长度　b—宽度　d—高度

三、瓦

1．烧结瓦　目前已被大量的新型防水材料所代替。在我国传统的坡屋顶建筑中，常用粘土烧结瓦作为屋面材料。

2．琉璃瓦　琉璃瓦可以上不同的釉料，可烧制成黄、绿、蓝、紫、青、黑、翡翠等绚丽彩色。琉璃瓦造型独特，品种繁多。

由于琉璃瓦材料昂贵，且自重大，在一般建筑中不宜采取，重点用于古文物建筑的维修，少数纪念性建筑以及建造少量亭、台、楼、阁以增添园林景点等。

3．混凝土瓦　混凝土瓦的耐久性好，力学性能好于粘土瓦，但自重较大。根据有关规范，对混凝土瓦的抗折荷载、抗渗性、抗冻性等都有具体规定。

4．石棉水泥瓦　石棉水泥瓦是以水泥和石棉纤维为主要原料，经过加水搅拌、压滤成型、养护而制成的单张较大的轻型屋面材料，具有防火、防腐、耐热、耐寒、轻质等特点，可用于覆盖简易工棚、仓库、临时设施的屋面。

四、砌块

砌块是一种新型的墙体材料，具有充分利用地方材料和工业废料，制作简单，砌筑方便、灵活等优点，因而得到广泛的应用。

1．粉煤灰砌块　粉煤灰砌块是以粉煤灰、石灰、石膏和集料等为原料，经加水搅拌、振动成型、蒸气养护后而制成的密实砌块。

粉煤灰砌块适用于一般建筑物的墙体，但不宜用于受较大振动、高温、潮湿环境中的承重墙。

2．加气混凝土砌块　加气混凝土砌块是以钙质材料和硅质材料为基本原料，经过磨细，并以铝粉为发气剂，经过浇注、发气、切割、蒸压养护等工艺制成的一种轻质、多孔的建筑墙体材料。

加气混凝土砌块具有轻质、保温及耐久性能好、易加工、施工方便等优点。它适用于框架结构的填充墙或非承重墙，亦可用作保温隔热材料，但不得用于有腐蚀性介质、潮湿的环境中。

3．混凝土砌块　混凝土砌块是以水泥为胶凝材料，砂、碎石或卵石、炉渣、煤矸石等为骨料，经加水搅拌、振动、成型、养护而制成的墙体材料。

混凝土砌块适用于民用建筑与工业建筑的墙体。

第二节　胶凝材料和砂浆

一、胶凝材料

胶凝材料分为无机胶凝材料和有机胶凝材料两大类。无机胶凝材料可以分为气硬性胶凝材料和水硬性胶凝材料。气硬性胶凝材料加入适量的水，经过一定的物理化学变化以后，它只能在空气中凝结硬化，产生一定强度。如石灰、石膏、水玻璃、菱苦土均是此类材料。而水硬性胶凝材料不仅能在空气中硬化，而且能在水中硬化。水泥就是最常用的一种水硬性胶凝材料。

（一）气硬性胶凝材料

1. 石灰

（1）石灰的烧制石灰的烧制：是将石灰石（以碳酸钙为主）加热的过程：

$$CaCO_3 \xrightarrow{900\sim1100℃} CaO + CO_2 \uparrow$$

（2）石灰的消解和硬化：生石灰（CaO）加水消解（熟化）后即可得消石灰（熟石灰）Ca（OH）$_2$反应如下：

$$CaO + H_2O \rightarrow Ca（OH）_2 + 65.9kJ/mol$$

生石灰消解时具有两个同时发生的特点，即放出大量热，并体积膨胀，体积约膨胀1~2.5倍。

消石灰的硬化同时包括两方面的作用，即结晶作用和碳化作用。结晶作用是Ca（OH）$_2$从溶液中析出。碳化作用十分缓慢、十分微弱，其反应为：

$$Ca（OH）_2 + CO_2 + nH_2O \rightarrow CaCO_3 + （n+1）H_2O$$

（3）石灰的应用：石灰在土木工程中有广泛的应用，包括配制砌筑砂浆，抹面砂浆，拌制灰土、三合土作为基础的垫层，生产石灰碳板以及硅酸盐制品的材料。

2. 石膏

（1）天然石膏：天然石膏有天然二水石膏（CaSO$_4$·2H$_2$O）和天然无水石膏（CaSO$_4$）。生产建筑石膏一般多用天然二水石膏。

（2）建筑石膏：建筑石膏也称熟石膏，它是由天然二水石膏（也称生石膏）经过烘干和120~140℃温度的煅烧，脱水生成的半水石膏，再经磨细制成一定细度的粉料。建筑石膏遇水后将重新水化成二水石膏。

（3）建筑石膏的应用：建筑石膏可拌制抹面灰浆，用于室内墙面及顶棚抹灰，也可掺入其他材料制作石膏板。

（二）水泥

水泥是土木工程建设中最重要的建筑材料之一。它不仅大量应用于建筑工程中，而且还广泛用于公路、桥梁、铁路、水利等工程中，它还是配制混凝土的重要材料。

我国常用水泥的主要品种有硅酸盐水泥、普通硅酸盐水泥、矿渣硅酸盐水泥、火山灰质硅酸盐水泥、粉煤灰硅酸盐水泥和复合硅酸盐水泥等。

1. 常用水泥的生产

（1）硅酸盐水泥的生产：硅酸盐水泥的的生产过程可以概括为"两磨一烧"。如图 3-3 所示。

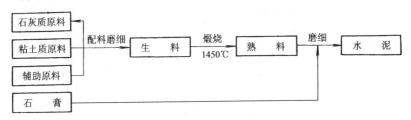

图 3-3 硅酸盐水泥的生产过程

（2）其他品种水泥的生产：常用水泥中的其他几种类型是由硅酸盐水泥熟料掺入一定量的混合材料经磨细而得到的。混合材料指的是火山灰质混合材料、粉煤灰、粒化高炉矿渣等。

2. 常用水泥的主要技术性质要求

（1）细度：细度是指水泥颗粒的粗细程度。它对水泥的性质影响很大。水泥颗粒越细，水化反应速度越快，凝结时间越短，体积安定性也越好。

（2）凝结时间：凝结时间分为初凝时间和终凝时间。初凝时间是指水泥加水至水泥浆开始失去塑性所经历的时间。终凝时间是指水泥加水至水泥浆完全失去塑性并开始产生强度所经历的时间。初凝时间不宜过短，终凝时间又不宜过长。

（3）体积安定性：水泥的体积安定性是指水泥在凝结硬化过程中，体积变化的均匀性。

（4）强度等级：硅酸盐水泥分为 42.5、42.5R、52.5、52.5R、62.5 和 62.5R 六个强度等级；其他五种水泥分为 32.5、32.5R、42.5、42.5R、52.5 和 52.5R 六个等级。其中有代号 R 者为早强型水泥。

国家标准规定，凡氧化镁、三氧化硫、安定性（即 f-CaO）、初凝时间中任何一项不符合标准规定时，均为废品。其他要求任一项不符合标准规定时为不合格品。

3. 常用水泥的应用 六种常用水泥的用途广泛，但由于成分有一定的差异，故它们的应用也不同，见表 3-1。

表 3-1 常用水泥的性质和应用

项目		硅酸盐水泥	普通硅酸盐水泥	矿渣硅酸盐水泥	火山灰质硅酸盐水泥	粉煤灰硅酸盐水泥	复合硅酸盐水泥
应用	优先使用	早期强度要求高的混凝土,有耐磨要求的混凝土,严寒地区反复遭受冻融作用的混凝土,抗碳化要求高的混凝土,掺混合材料的混凝土		水下混凝土,海港混凝土,大体积混凝土,耐腐蚀性要求较高的混凝土,高温下养护的混凝土			
		高强度混凝土	普通气候及干燥环境中的混凝土,有抗渗要求的混凝土,受干湿交替作用的混凝土	有耐热要求的混凝土	有抗渗要求的混凝土	受载较晚的混凝土	—
	可以使用	一般工程	高强度混凝土,水下混凝土,高温养护混凝土,耐热混凝土	普通气候环境中的混凝土			
				抗冻性要求较高的混凝土,有耐磨性要求的混凝土	—	—	早期强度要求较高的混凝土
	不宜或不得使用	大体积混凝土,耐腐蚀性要求高的混凝土		早期强度要求高的混凝土			
				抗冻性要求高的混凝土,掺混合材料的混凝土,低温或冬季施工混凝土,抗碳化性要求高的混凝土			
		耐热混凝土,高温养护混凝土	—	抗渗性要求高的混凝土	干燥环境中的混凝土,有耐磨要求的混凝土		—
					—	有抗渗要求的混凝土	—

二、砂浆

砂浆是由无机胶凝材料、细集料、掺合料和水配制而成的材料。砂浆按用途可以分为砌筑砂浆、抹灰砂浆、装饰砂浆和防水砂浆。

(一)砌筑砂浆

用于砌筑砌体的砂浆,称为砌筑砂浆。

1.砌筑砂浆的组成材料

(1)水泥:常用品种水泥均可以配制砂浆,其标号应根据砂浆强度等级进行选择。水泥强度宜是砂浆强度的4~5倍。

（2）砂：砂浆用砂主要为天然砂，使用前一般须经过筛分，以去除一些杂质。砖砌体用砂浆宜选用中砂，砂中含泥量不应超过 5％。强度等级为 M2.5 的水泥混合砂浆，砂的含泥量不应超过 10％。

（3）外掺料：为改善砂浆的和易性和节约水泥所掺入的物质，如石灰、粘土、石膏、粉煤灰、微沫剂等。

（4）水：拌制砂浆的水应采用不含有害物质的洁净水或饮用水。

2．砌筑砂浆的主要性质　砌筑砂浆位于砌体材料的缝隙间，起传递荷载和增加砌体整体性的作用。因而必须具有一定的和易性和强度，同时必须具有能保证砌体材料与砂浆之间牢固粘结的粘结力。

（1）和易性：砂浆的和易性包含流动性和保水性两个方面。

1）流动性。流动性是指砂浆在自重或外力作用下流动的性能。砂浆越稀，流动性越好。反之，则流动性越差。

2）保水性。保水性是指砂浆能保持其内部水分不泌出，各组成材料不离析的性能。

砂浆在施工过程中必须具有良好的保水性，避免水分过快流失，以保证胶结材料正常凝结硬化，形成密实均匀的砂浆层，提高砌体的质量。

（2）强度：砌筑砂浆在砌体中主要起传递荷载的作用，因此应具有一定的抗压强度。砌筑砂浆强度划分为 M2.5、M5、M7.5、M10、M15 和 M20 六个等级。

（3）粘结力：为保证砖石砌体粘结在一起，要求砂浆具有良好的粘结力。砂浆的强度等级越高，粘结力越大，整个砌体的强度、耐久性、抗震性越好。

砌筑砂浆主要用于建筑物、桥梁、涵洞、挡土墙等的砌体工程。

（二）抹灰砂浆

抹灰砂浆主要以薄层涂抹于砌体表面，对砌体既可起到保护作用，又可以起到一般装饰作用，使其表面平整、光洁、美观。

1．一般抹灰砂浆　一般抹灰砂浆可以分为水泥砂浆、石灰砂浆、混合砂浆。对砖墙及混凝土墙、梁、柱、顶板等底层、面层多用混合砂浆，在容易碰撞或温暖潮湿的地方则采用水泥砂浆。

2．装饰砂浆　装饰砂浆用于室内外装饰，是以增强建筑物美感为主要目的，同时使建筑物具有特殊的表面形式及不同的色彩和质感。装饰砂浆的表面可进行各种艺术处理，以达到不同风格及不同的建筑艺术效果，如水磨石、水刷石、斩假石、拉毛灰及人造大理石等。

3．防水砂浆　防水砂浆是水泥砂浆中掺入防水剂、高分子材料等使硬化后的砂浆具有防水、抗渗的性能。防水砂浆可以用于刚性防水，即用防水砂浆抹面起防水的作用。

第三节　沥青和沥青拌和料

一、沥青

沥青是一种有机胶凝材料，它是复杂的高分子碳氢化合物及非金属（氧、硫、氨等）衍生物的混合物。它呈黑褐色至黑色，在常温下呈固体、半固体或液体状态。能溶于二硫化碳多种有机溶液中。

（一）石油沥青

石油沥青是石油经蒸馏炼出各种轻质油品及润滑油以后的残留物，经再加工而得到的产品。它呈黑色或棕褐色的粘稠状或固体状物质，略有松香气味。

1. 石油沥青的组分　为研究沥青的化学组成，将沥青化学成分与物理性质相似而具有特征的部分划分成几个组，即组分。沥青组分的划分为三个部分：油分、树脂和地沥青质。

2. 石油沥青主要技术性质

（1）粘性：粘性是沥青在外力作用下抵抗发生变形的能力。

（2）塑性：指沥青材料在外力作用下产生变形而不破坏。塑性越大，说明沥青的变形能力越好。

（3）温度稳定性：沥青的温度稳定性是指沥青的粘性和塑性随温度升降而变化的性能。温度稳定性好说明沥青的耐热性好，但不易加工。

3. 应用　石油沥青按用途分为：道路石油沥青、建筑石油沥青和普通石油沥青。建筑石油沥青主要用于屋面、地下防水、防腐蚀等工程。道路石油沥青用于道路路面或工业厂房地面等。普通石油沥青应处理后再应用。

（二）煤沥青

煤干馏时所挥发的物质冷凝为煤焦油，煤焦油经分馏加工，提出各种油质后的产品即为煤沥青。

煤沥青具有毒性和臭味，有较高的抗微生物腐蚀作用，常用于做防腐材料。

（三）改性沥青

在沥青中掺入橡胶、树脂、高分子聚合物或其他填料等外掺剂或对沥青进行氧化、乳化、催化，使其性质得到改善，称为改性沥青。改性沥青可分为橡胶类改性沥青、树脂类改性沥青和热塑类改性沥青。

二、沥青拌合料

沥青拌合料是指矿料（如碎石、石屑、砂和矿粉等）与沥青拌和而成的混合物。沥青拌合料是高等级公路的最主要的路面材料。主要包括沥青混凝土和沥青碎石。两者的区别在于：沥青混凝土的空隙率小于 10%，而沥青碎石的空隙率在 10% 以上；沥青混凝土中掺入的矿粉比沥青碎石多。

（一）沥青拌合料的组成材料

1．沥青 沥青路面所用的沥青材料包括道路石油沥青、煤沥青、液体石油沥青等。

2．粗集料 沥青拌合料用粗集料有碎石、破碎砾石、筛选砾石和矿渣等。

3．细集料 拌制沥青拌合料的细集料，可以用天然砂、人工砂或石屑。

4．矿粉 矿粉是由石灰岩或岩浆岩中的强基性岩石等憎水性石料经磨制而成的，也可以由石灰、水泥、粉煤灰代替，但高级公路、一级公路的沥青混凝土面层不宜用粉煤灰做填料。

（二）沥青拌合料的技术性质

1．高温稳定性 沥青拌合料在高温下承受外力不断作用时，抵抗永久变形的能力叫高温稳定性。

2．低温抗裂性 为保证路面在冬季低温时不产生裂缝，沥青拌合料应具有低温抗裂性。

3．耐久性 沥青拌合料的耐久性是指其在外界各种因素的作用下，仍能保持原有性能的性质。沥青混合料的耐久性直接影响道路的使用时间。

4．抗滑性 为保证长期行车的安全，粗集料应选用耐磨光性好的材料。另外，骨料的颗粒适当大些，沥青用量少些，都可以提高路面的抗滑性。

5．施工和易性 沥青混凝土应有较好的和易性以保证施工顺利进行。

第四节 钢材和钢筋混凝土

一、钢材

在土木工程中钢材是广泛应用的一种材料，包括型钢、钢板、钢管、钢筋、钢丝等。它具有强度高，能承受冲击和振动荷载，易于加工和装配等优点。

（一）钢的冶炼

钢是由生铁经冶炼而成的。钢是含碳量为 0.6%～2.0%，并含有某些其他元素的铁合金。炼钢是对熔融的生铁进行高温氧化，使其中的含碳量和其他杂质降低到允许的范围内。在炼钢后期投入脱氧剂，除去钢液中的氧，这个过程称为"脱氧"。

（二）钢材的主要技术性能

钢材的主要性能有力学性能和工艺性能。其中力学性能包括抗拉性能、冲击韧度、硬度、抗疲劳性等，工艺性能包括冷弯性能和焊接性能。

1．抗拉性能 通过屈服强度、抗拉强度、均匀延伸率三个指标来反映钢材的抗拉性能。

（1）屈服强度：软钢（如低碳钢）在拉伸时既有弹性变形，又开始产生塑性变形时的应力值，称为屈服强度，设计中一般以屈服强度作为钢材强度取值的标准。

（2）抗拉强度：钢材拉伸时，试件在破坏前的最大应力值为钢材的抗拉强度，记为 δ_b。钢材的屈服强度与抗拉强度之比值称为屈强比。屈强比大的钢材，可靠性较低，但利用率高。屈强比小的钢材，安全性高，不能充分利用。

（3）均匀延伸率：试件在最大力作用下的总伸长率为均匀延伸率。均匀延伸率的大小反映了钢材塑性的好坏，同时也反映钢材的韧性、冷弯性能、焊接性能的好坏。

2．硬度　硬度是指钢材表面抵抗变形的能力。通常情况下，钢材的硬度越大，抗磨性越好，但塑性较差。

3．冲击韧度　钢材抵抗冲击荷载的能力叫冲击韧度。钢材的冲击韧度越强，抵抗冲击荷载的能力越强。钢材的冲击韧度随环境温度的降低而降低。

4．冷弯性能　冷弯性能是指钢材在常温下承受弯曲变形而不破裂的能力。弯曲角度越大，弯心直径与试件厚度的比值越小，则冷弯性能越好。

5．焊接性能　焊接性能（又称可焊性）指钢材在通常的焊接方法与工艺条件下是否能获得良好焊接接头的性能。

（三）钢筋混凝土常用钢材

钢筋是钢筋混凝土工程中使用最大的钢材品种之一。常用的钢筋有热轧钢筋、冷加工钢筋、热处理钢筋、钢丝等。

1．热轧钢筋　热轧钢筋是经热轧成型并自然冷却的成品钢筋。热轧钢筋根据屈服强度可以分为 HPB235、HRB335、HRB400 和 RRB400、HRB500 四个等级，如 HRB335 表示屈服强度为 335MPa。HPB235 级钢筋为光圆钢筋，其他为带肋钢筋，见图 3-4。热轧钢筋可以用于钢筋混凝土结构的受力和构造筋，也可以经过处理用于预应力钢筋。

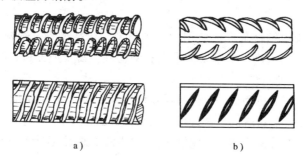

a)　　　　　　　　　　　　b)

图 3-4　带肋钢筋外形示意图

a) 等高肋　b) 月牙肋

2．冷拔钢丝　冷拔低碳钢丝是由直径为 6.5～8mm 的圆盘条经冷拔而成。低碳钢经冷拔后，可以用于预应力筋、焊接网、焊接骨架、箍筋和构造钢筋。

3．冷轧带肋钢筋　冷轧带肋钢筋是由热轧圆盘条经冷轧或冷拔减径后在其表面冷轧成两面或三面有肋的钢筋。冷轧带肋钢筋主要用于混凝土中的受力筋、箍筋和构造钢筋以及焊接网、焊接骨架等。

4．预应力混凝土用钢丝　预应力混凝土用钢丝是用优质碳素结构钢制成。适用于大荷载、大跨度、曲线配筋的预应力钢筋混凝土结构。

（四）钢结构用钢材

钢结构用钢材主要是热轧成型的钢板和型钢等；薄壁轻型钢结构中主要采用薄壁型钢、圆钢和小角钢。

1．热轧型钢　热轧型钢有：工字钢、H型钢、T型钢、槽钢、等边角钢、不等边角钢等。

2．冷弯薄壁型钢　通常是用2～6mm薄钢板冷弯或模压而成，有角钢、槽钢等开口薄壁型钢及方形、矩形等空心薄壁型钢。

3．钢板、压型钢板　钢板分厚板（厚度＞4mm）和薄板（厚度≤4mm）两种。厚板主要用于结构，薄板主要用于屋面板、楼板和墙板等。

压型钢板是由薄钢板经辊压冷弯而成的波形板，其截面呈梯形、V形、U形或类似的波形。在建筑上压型钢板主要用做屋面板、墙板、楼板和装饰板等。

二、混凝土

混凝土是由胶凝材料、粗细集料、水按适当的比例配合，必要时掺入化学外加剂，经搅拌、成型、硬化而形成的复合材料。

使用最多的是水泥混凝土，也叫普通混凝土，它是土木工程中用量最大的结构材料。

（一）普通混凝土的组成材料

1．水泥　水泥的合理选用包括两个方面：一是水泥品种的选择，配制混凝土时，应根据工程的特点及所处的环境以及各品种水泥的特性做出合理的选择。二是水泥强度等级的选择，水泥强度等级一般为混凝土强度的1.5～2.0倍为宜。

2．集料　普通混凝土所用集料按粒径大小分为两种，粒径大于5mm的称为粗集料（石），有碎石和卵石两种，粒径小于5mm的称为细集料（砂），有河砂、海砂和山砂三类。

3．混凝土用水　凡能饮用的水和符合要求的地表水、地下水都可用于拌制和养护混凝土。

4．外加剂　混凝土外加剂是指在拌制混凝土过程中掺入的用以改善混凝土性能的物质，其掺量一般不大于水泥重量的5%（特殊情况除外）。常用外加剂如木质素磺酸盐类、氯化钙、硫酸钠、柠檬黄、铝粉等。加入这些外加剂后可以改善混凝土拌合物的流动性、混凝土耐久性等，还可以调节混凝土的凝结时间。

（二）混凝土的主要技术指标

1．混凝土拌合物的和易性　混凝土拌合物是指各组成材料按一定比例配合、搅拌后尚未凝结硬化的材料。

和易性是指拌合物在运输和施工过程中不发生分层、离析、泌水的现象，凝结硬化后得到均匀、密实的混凝土。和易性是一项综合指标，它包括流动性、粘聚性和保水性。流动性是指混凝土拌合物在自重或施工机械的作用下，能够产生流动并能均匀地添满模板的各个角落的性能。粘聚性是指混凝土拌合物在施工过程中组成材料之间不出现分层、离析现象，保持整体性的性能。混凝土拌合物保持水分不宜析出的性能为保水性。

2. 混凝土的强度

（1）混凝土的抗压强度：按标准方法制作的边长为 150mm 的立方体试件，在标准养护条件下（温度 20°C±3°C，相对湿度 90%以上），养护至 28 天龄期，以标准方法测试、计算得到的抗压强度值称为混凝土立方体抗压强度。简称为混凝土抗压强度。国家标准规定，边长为 100mm 或 200mm 的立方体试件，可采用折算系数折算成标准试件的强度值。

混凝土立方体抗压强度标准值是用标准试验方法测得的具有 95% 保证率的立方体抗压强度。

（2）混凝土的强度等级：钢筋混凝土结构中用的混凝土为 C15、C20、C25、C30、C35、C40、C45、C50、C55、C60、C65、C70、C80 等 13 个等级。强度等级表示中的"C"为混凝土强度符号，"C"后面的数值即为混凝土立方体抗压强度标准值。如 C30 表示混凝土立方体抗压强度标准值为 30MPa。

（3）混凝土的抗拉强度：混凝土的抗拉强度很低，仅为混凝土抗压强度的 1/10 左右。

3. 混凝土的耐久性　混凝土在使用过程中抵抗各种不利因素，长期保持强度及完整性的能力为耐久性。

（1）混凝土的抗渗性：混凝土抵抗水、油等液体渗透的性能，称为混凝土的抗渗性。它直接影响着混凝土的抗冻性和抗侵蚀性，对混凝土的耐久性起着重要作用。

（2）混凝土抗冻性：混凝土抗冻性是指混凝土在规定条件下，经过多次冻融循环作用而不破坏，强度也不显著降低的性能。混凝土所能经过的冻融循环次数越多，抗冻性越好。

（3）混凝土抗侵蚀性：混凝土抗侵蚀性是指混凝土抵抗水、酸、碱等物质侵蚀的能力。

（4）混凝土的碳化：混凝土的碳化是指混凝土内部的水泥石与空气中的 CO_2 发生反应，生成 $CaCO_3$ 的过程。混凝土碳化后可以提高混凝土的抗压强度，但导致钢筋锈蚀，使整个结构构件的抗拉和抗弯强度降低。

三、钢筋混凝土

钢筋混凝土是在混凝土中配置钢筋形成的复合建筑材料，它即可以充分利用混凝土的抗压强度，又可以发挥混凝土对钢筋的保护作用，充分利用钢筋的抗拉、抗弯强度，因此钢筋混凝土结构广泛地被应用于建筑工程、桥梁工程等土木工程中。

（一）钢筋混凝土的优点

1．合理发挥材料的性能　混凝土具有很高的抗压强度，但抗拉强度却很低，而钢筋是一种抗拉强度很高的结构材料，在构件的受压部分用混凝土，在构件的受拉部分用钢筋，大大提高了构件的承载力，充分发挥了材料的性能。

2．耐久性好　在钢筋混凝土结构中，混凝土的强度随着时间的增加而增长并且钢筋受到混凝土的保护而不易锈蚀。

3．耐火性好　混凝土包裹在钢筋之外，起着保护钢筋的作用。避免钢材因达到软化温度而造成结构整体破坏。

4．整体性好　钢筋混凝土结构特别是现浇的钢筋混凝土结构整体性好。

5．就地取材　钢筋和混凝土两种材料都比较容易得到，价钱也比较便宜。

6．灵活性大　可以根据构件的受力情况，合理配置钢筋和确定混凝土等级，达到经济合理。

（二）钢筋混凝土的缺点

1．自重大　普通钢筋混凝土本身自重比钢结构大，不宜用于大跨度、高层建筑。

2．抗裂性差　混凝土的抗拉强度及极限拉应变很小，所以在使用荷载的作用下，一般均带裂缝工作。

3．保温效果差　普通钢筋混凝土的导热系数较大，热量容易传递。

另外混凝土还有施工受气候条件限制，修复困难等缺点。

（三）预应力钢筋混凝土

普通钢筋混凝土结构的裂缝过早出现，为克服这一缺点，充分利用高强度材料，可以设法在结构构件受外荷载作用前，预先对由外荷载引起的混凝土受拉区施加压力，以此产生的预压应力来减小或抵消外荷载所引起的混凝土拉应力，从而使结构构件的拉应力不大，甚至处于受压状态。这种在构件受荷载以前预先对混凝土受拉区施加压应力的结构称为"预应力混凝土结构"。对于裂缝控制严格、密闭性或耐久性要求高、变形要求严格的结构物，宜采用预应力结构。

第五节　木　　材

木材作为建筑材料，已有悠久的历史，虽然现在研究和生产了许多新型建筑材料来取代木材，但目前其仍是一种用途广泛的重要的建筑材料。

一、木材的基本构造

木材的构造分为微观构造和宏观构造。由于树种和生长环境的不同，各种木

56

材在构造上的差异很大。

1．宏观构造　在宏观下，树木可分为树皮、木质部和髓心三个主要部分，见图 3-5。

2．微观构造　在显微镜下观察，可以看到木材是由各种细胞（多呈长管状）紧密结合而成。细胞分作细胞壁和细胞腔两部分，细胞壁越厚，腔越小，木材组织越均匀，强度越高。

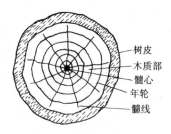

图 3-5　木材横切面图

二、木材的物理力学性质

1．含水率　木材含水质量与木材干燥质量的比值为含水率（％）。

当木材的含水率与空气的相对湿度已达平衡而不再变化时，此时的含水率称为平衡含水率。

木材细胞壁中的吸附水达到饱和状态，但还没有自由水，这种吸附水的饱和状态称为纤维饱和点。这时含水率称为纤维饱和点含水率。纤维饱和点随树种而易，一般约为 23％～33％，平均约为 30％。

2．木材含水状态　木材的含水状态可以分为湿材、纤维饱和状态、气干以及全干等。

湿材是指水运或长期贮存在水中的木材，含水率极高，达饱和状态。

木材干燥过程中，自由水蒸发完毕，而吸附水处于饱和状态的木材，称为纤维饱和状态木材。

将木材置于适当地方，让其自然干燥，含水率接近平衡含水率的木材称为气干材，含水率一般在 15％左右。

木材干燥到不含自由水和吸附水的状态，此时的木材称为全干木材，又称绝干木材。

3．强度　木材各种强度之间的关系见表 3-2。

表 3-2　木材各种强度间的关系

抗压		抗拉		抗弯	抗剪	
顺纹	横纹	顺纹	横纹		顺纹	横纹
1	1/10～1/3	2～3	1/20～1/3	3/2～2	1/7～1/3	1/2～1

三、工程中常用的木材

1．原木　原木是指去根、除皮、断梢，并按一定尺寸规格和直径要求锯切的圆木段。原木可用作建筑用材、电杆、木桩、枕木等。

2．锯材　锯材是指原木经纵向锯解加工而成的材种。可用于建筑模板、桥梁、家具等。

3．人造板　常用的人造板材有细木工板、胶合板、硬质纤维板、刨花板、木丝板等。可用于天棚板、隔墙板、门、家具等。

第四章 土木工程荷载

第一节 荷载的定义

结构上的作用是指能使结构产生效应的各种原因的总称。效应是指内力、应力、应变、裂缝等。作用又分直接作用和间接作用。直接作用是指主动作用在结构上的外力，如构件的自重、家具的重量、人的重量等。我们将直接作用称为荷载。间接作用是指地基变形、混凝土收缩、焊接变形、温度变化或地震等引起的作用。习惯上，把间接作用也称为荷载，如温度荷载、地震荷载等。

第二节 荷载的种类

结构上的荷载按其随时间的变异性和出现的可能性，分为永久荷载、可变荷载及偶然荷载。

一、永久荷载

1. 定义 在结构使用期间，其值不随时间变化，或其变化与平均值相比可以忽略不计，或其变化是单调的并能趋于限值，故又称恒载。如结构自重、土压力、预应力等。

2. 材料自重 为计算结构自重，必须知道材料的容重，如素混凝土（一般碎石或砾石加砂子、水泥搅拌而成）为 22～24kN/m³（振捣或不振捣），钢筋混凝土内有大量钢筋，其自重与钢筋含量有关，但一般不需准确计算，根据统计资料定为 24～25kN/m³。GB50009—2001《建筑结构荷载规范》（以下简称《荷载规范》）中给出了一些材料和构件的自重，本书给出了几种工程材料的自重，见表4-1。

表 4-1 几种工程材料的自重

名称	自重/（kN/m³）	备 注
杉木	4	
铝	27	
铝合金	28	
铅	114	
粘土	13.5	干，松空隙比为 1.0
粘土	16	干，$\varphi=40°$，压实
粘土	18	湿，$\varphi=35°$，压实
普通砖	18	240mm×115mm×53mm（684 块/m³）
素混凝土	22～24	振捣或不振捣
钢筋混凝土	24～25	

二、可变荷载

1. 定义　在结构使用期间，其值随时间变化，且其变化与平均值相比不可以忽略不计的荷载。如楼面活荷载、屋面活荷和积灰荷载、吊车荷载、风荷载、雪荷载等。

2. 楼面活荷载　我国《荷载规范》规定了一般民用建筑的楼面活荷载。表4-2 中列出一部分建筑的楼面活荷载标准值。

表 4-2　部分民用建筑楼面均布活荷载标准值及其组合值、频遇值和准永久值系数

项次	类　别	标准值 $/$ (kN/m²)	组合值系数 ψ_c	频遇值系数 ψ_f	准永久值系数 ψ_q
1	(1) 住宅、宿舍、旅馆、办公楼、医院、病房、托儿所、幼儿园			0.5	0.4
	(2) 教室、实验室、阅览室、会议室、医院门诊室	2.0	0.7	0.6	0.5
2	食堂、餐厅、一般资料档案室	2.5	0.7	0.6	0.5
3	(1) 书库、档案室、贮藏室 (2) 密集柜书库	5.0 12.0	0.9	0.9	0.8
4	走廊、楼梯、门厅： (1) 宿舍、旅馆、医院病房托儿所、幼儿园、住宅	2.0	0.7	0.5	0.4
	(2) 办公楼、教室、餐厅，医院门诊部	2.5	0.7	0.6	0.5
	(3) 消防疏散楼梯，其他民用建筑	3.5	0.7	0.5	0.3

注：设计房屋楼面梁、墙、柱及基础时，因楼面活荷载同时达到最大值时的概率不大，所以，表4-2 中的楼面活荷载标准值应根据具体情况乘以规定的折减系数，见《荷载规范》。

工业建筑楼面活荷载是在生产使用和安装时，由设备、管道、运输工具及可能拆移的隔墙产生的局部荷载，均应按实际情况考虑，可采用等效均布荷载代替。

工业建筑楼面上无设备区域的操作荷载，包括操作人员、一般工具、零星原料和成品的自重，可按均布荷载考虑，采取 2.0kN/m²。

三、荷载代表值与标准值

荷载代表值是设计中用以验算极限状态所采用的荷载量值，是为了方便设计给荷载规定以一定的量值。根据不同的设计要求，规定不同量值的代表值。如标准值、组合值、频遇值和准永久值。其中标准值是荷载的基本代表值，而其他代表值是采用相应的系数乘以其标准值得出。

荷载标准值是指结构在其使用期间，在正常情况下可能出现的最大荷载值。

由于荷载本身的随机性，因而使用期间的最大荷载也是随机变量，所以荷载标准值统一由设计基准期最大荷载概率分布的某个分位值来确定。结构或非承重构件的自重为永久荷载，由于其变异性不大，而且多为正态分布，故一般以自重的平均值（均值）作为荷载的标准值；有些材料和构件变异性较大，在《荷载规范》中给出其自重的上、下限值，如制作屋面的轻质材料。

四、吊车荷载

单层工业厂房内的吊车有悬挂式吊车、梁式吊车、桥式吊车等，这里仅介绍桥式吊车。

桥式吊车有软钩和硬钩之分。吊车的规格用起重量来区分，如起重量为 5t、10t、15t、20t、30t 等，双钩吊车则分重的和轻的两种吊钩。桥式吊车由桥架和小车组成，桥架沿轨道纵向行走，小车在桥架上横向行走。吊车的竖向力，由桥架重、小车重、操纵室重、最大起重量确定。吊车水平力为吊车车轮制动时产生的水平刹车力，大车制动时产生纵向水平力；小车制动时产生横向水平力。

1. 吊车纵向水平荷载标准值，应按作用在一边轨道上所有刹车轮的最大轮压之和的 10％采用；该项荷载的作用点位于刹车轮与轨道的接触点，其方向与轨道方向一致。

2. 吊车横向水平荷载标准值，应取横行小车重量与额定起重量之和的下列百分数，并乘以重力加速度：

（1）对于软钩吊车：

——当额定起重量不大于 10t 时，应取 12％；

——当额定起重量为 16～50t 时，应取 10％；

——当额定起重量不小于 75t 时，应取 8％。

（2）硬钩吊车：应取 20％。

横向水平荷载应等分于桥架的两端，分别由轨道上的车轮平均传至轨道，其方向与轨道垂直，并考虑正反两个方向的刹车情况。

五、雪荷载

雪荷载与地区有关，现行规范是根据全国 672 个地点的气象台站，从建站起到 1995 年的最大雪压或雪深资料，经统计得出 50 年一遇最大雪压，即重现期为 50 年的最大雪压，以此规定当地的基本雪压。我国幅员辽阔，从南到北，基本雪压值差异较大。新疆阿尔泰山区雪压值达 1kN/m²；黑龙江北部和吉林省东部的广泛地区，雪压值可达 0.7kN/m² 以上；南京、合肥、江西北部及湖南等一些地点雪压达 0.4～0.5kN/m²，但积雪期较短；华北及西北地区，雪压较小，一般在 0.2kN/m² 以下；南陵、武夷山以南，冬季气温高，很少降雪，基本无积雪。详见《荷载规范》附图 D5.1 全国基本雪压分布图，附表 D4 全国各城市的 50 年一遇雪压和风压。

屋面水平投影面上的雪荷载标准值应按下式计算

$$s_k = \mu_r s_0 \tag{4-1}$$

式中 s_k——雪荷载标准值（kN/m^2）；

μ_r——屋面积雪分布系数，与屋面形式有关，见图 4-1；

s_0——基本雪压（kN/m^2）。

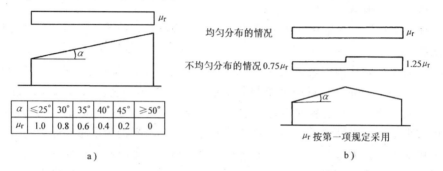

α	$\leqslant25°$	30°	35°	40°	45°	$\geqslant50°$
μ_r	1.0	0.8	0.6	0.4	0.2	0

图 4-1　屋面积雪分布系数
a）单坡屋面　b）双坡屋面

六、风荷载

风荷载也与地区有关，内地较小，在 $0.3\sim0.5kN/m^2$ 范围内；而西部和沿海地区则较大，达 $0.7\sim0.9kN/m^2$。《荷载规范》给出了全国基本风压分布图及全国各城市 50 年雪压和风压表，可在设计时采用。

基本风压是以当地比较空旷平坦地面上离地 10m 高统计所得的 50 年一遇 10min 平均最大风速 v_0（m/s），按 $\omega_0 = \frac{1}{2}\rho v^2$ 确定，其中 ρ 为空气密度。

基本风压应按《荷载规范》附录 D.4 中的附表 D.4 给出的 50 年一遇的风压采用，但不能小于 $0.3kN/m^2$。

垂直于建筑物表面上的风荷载标准值与基本风压、建筑的体型、计算点的高度等因素有关。

风速随离地面高度的增加而增大，因而风压也随高度的增加而增大，其变化规律与地面的粗糙程度有关。地面粗糙程度分为四类：

——A 类：指近海海面和海岛、海岸及沙漠地区；

——B 类：指田野、乡村、丛林、丘陵，以及房屋比较稀疏的乡镇和城市郊区；

——C 类：指有密集建筑群的城市市区；

——D 类：指有密集建筑群且房屋较高的城市市区。

《荷载规范》中给出了风压高度变化系数表，以备查用。

七、地震作用

地震是一种自然现象。全世界每年大约发生 500 万次地震，这些地震绝大多数都很小，不用灵敏的仪器测量不到，这样的小地震约占一年中地震总数的99％，剩下的1％才是人们可以感觉到的。其中能造成严重破坏的大地震，平均每年大约发生18次。震级是地震强弱的级别，它以震源处释放能量的大小确定。烈度是某地区各类建筑物遭受一次地震影响的强烈程度。一次地震只有一个震级，却有很多个烈度区，就像炸弹爆炸后不同距离处有不同破坏程度一样。烈度与震级、震源深度、震中距、地质条件、房屋类别有关。唐山大地震时，震中区的烈度为11度（房屋普遍倒塌）；唐山市内10度（许多房屋倾倒）；天津市内8～9度（大多数房屋损坏甚至破坏，少数倾倒）；北京市内有的地区为6度（有些房屋出现裂缝），有的地区为7度（大多数房屋有轻微破坏）。

地震给人类带来灾难，给人类社会造成不同程度的伤亡事故及经济损失。土建人员为减少地震带来的建筑物和构筑物的破坏，就需要研究建筑物和构筑物的抗震问题、研究地震作用。地震引起的地面运动会使房屋在竖向或水平方向产生加速度反应，这种加速度反应值与房屋本身质量的乘积，就形成地震对房屋的作用力，即地震荷载。如对于高度不超过40m，以剪切变形为主的且质量和刚度沿高度分布比较均匀的建筑，以近似于单质点体系的结构，可采用底部剪力法计算地震作用，即

$$F_{EK} = \alpha_1 G_{eq} \tag{4-2}$$

式中　F_{EK}——结构总水平地震作用标准值；

　　　α_1——相应于结构基本周期下的水平地震影响系数；

　　　G_{eq}——结构等效总重力荷载。

除上述荷载外，还有公路和桥梁设计当中的汽车荷载、铁路设计当中的列车荷载等。

八、荷载的效应

荷载作用于结构上或构件上使结构或构件产生变形或内力就是荷载的效应。构件截面上的内力有弯矩、剪力和轴力；变形有弯曲变形、剪切变形和轴向变形等。结构构件抵抗变形的能力称为刚度，在相同荷载作用下变形小的刚度大；变形大的刚度小。结构构件抵抗破坏的能力称为强度。强度大的抵抗破坏的能力强；强度小的抵抗破坏的能力小。建筑结构设计的目的就是使结构构件有足够的刚度和强度，满足建筑物正常使用的要求和不发生破坏而倒塌。

如某一杆件受到荷载产生的拉力 P 或拉应力 $\sigma_{拉}$（即拉力被受拉截面面积除后的值，压应力 $\sigma_{压}$ 同此）后产生变形（它的变形值 ΔH 除以构件的原长度 H 称拉应变 $\varepsilon_{拉}$，压应变 $\varepsilon_{压}$ 同此）；受到由荷载产生的压力 P 或压应力 $\sigma_{压}$ 后产生变形。当拉杆所受拉应力 $\sigma_{拉}$ 超过极限应力 $\sigma_{极限}$ 时杆就被拉断；当压杆所受压应力 $\sigma_{压}$ 超过临界应力 $\sigma_{临界}$ 时，杆就会压屈，见图4-2。

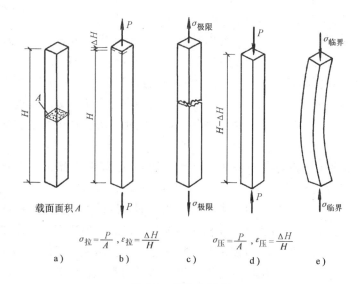

$$\sigma_{拉}=\frac{P}{A}, \varepsilon_{拉}=\frac{\Delta H}{H} \qquad \sigma_{压}=\frac{P}{A}, \varepsilon_{压}=\frac{\Delta H}{H}$$

图 4-2　拉伸和压缩

a）拉、压杆（未受力）　b）受拉后伸长 ΔH　c）$P=P_{极限}$时拉断

d）受压后压缩 ΔH　e）$P=P_{临界}$时压屈

第五章　土木工程构件及基本结构体系

第一节　梁、板、柱和墙

一幢房屋都有它的承重结构体系，承重结构体系破坏，房屋就要倒塌。承重结构体系是由若干个结构构件连接而成的，这些结构构件的形式虽然多种多样，但可以从中概括出以下几种典型的基本构件。

一、梁

梁的截面宽度和高度尺寸远小于其长度尺寸。梁承受板传来的压力以及梁的自重。梁受荷载作用的方向与梁轴线相垂直，其作用效应主要为受弯和受剪。梁可以现浇也可以预制。梁常见的分类如下：

1. 按支承情况分类

(1) 简支梁：梁的两端支承在墙或柱上。简支梁在荷载作用下，内力较大，宜用于小跨。如单个门窗洞口上的过梁，单根搁置在墙上的大梁通常都作为简支梁计算。简支梁的优点是当两支座有不均匀沉降时，不产生附加应力。简支梁的高度一般为跨度的 $1/10 \sim 1/15$，宽度约为其高度的 $1/2 \sim 1/3$。

(2) 连续梁：它是支承在墙、柱上整体连续的多跨梁。这在楼盖和框架结构中最为常见。连续梁刚度大，而跨中内力比同样跨度的简支梁小，但中间支座处及边跨中部的内力相对较大。为此，常在支座处加大截面，做成加腋的形式；而边跨跨度可稍小一些，或在边跨外加悬挑部分，以减小边跨中部的内力。连续梁当支座有不均匀下沉时将有附加应力。

(3) 多跨静定梁：它和简支梁一样，支座有不均匀下沉时不产生附加应力。它是由外伸梁和短梁铰接连接构成。这种梁连接构造简单，而内力比单跨的简支梁小。木檩条常做成这种梁的形式，以节约木材。

梁通常为直线形，如需要也可作成折线形或曲线形。曲梁的特点是，内力除弯矩、剪力外，还有扭矩。梁在墙上的支承长度一般不小于 240mm，见图 5-1a。

2. 按截面形式分类　梁的截面形式常为矩形、T 形、⊥形、十字形及花篮形等。矩形梁制作简便、T 形梁可减小梁的宽度，节约混凝土用量，⊥形、十字形及花篮形截面可增加房屋的净空，见图 5-2。

二、板

板的长、宽两方向的尺寸远大于其高度（也称厚度）。板承受施加在楼板的板面上并与板面垂直的重力荷载（含楼板、地面层、顶棚层的恒载和楼面上人

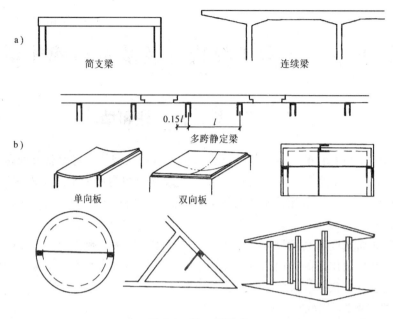

图 5-1 梁、板形式

a）梁 b）板

群、家具、设备等活载）。板的作用效应主要为受弯。常用材料为钢筋混凝土。

板按施工方法不同分为现浇板和预制板。

1. 现浇板 现浇板具有整体性好，适应性强，防水性好等优点。它的缺点是模板耗用量多，施

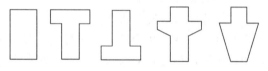

图 5-2 梁的截面形式

工现场作业量大，施工进度受到限制。适用于楼面荷载较大，平面形状复杂或布置上有特殊要求的建筑物；防渗、防漏或抗震要求较高的建筑物及高层建筑。

（1）现浇单向板：两对边支承的板为单向板。四边支承的板，当板的长边与短边长度之比大于 2 的板，在荷载作用下板短跨方向弯矩远远大于板长跨方向的弯矩，可以认为板仅在短跨方向有弯矩存在并产生挠度，这种板称为单向板。单向板的经济跨度为 1.7～2.5m，不宜超过 3m。为保证板的刚度，当为简支时，板的厚度与跨度的比值应不小于 1/35；当为两端连续时，板的厚度与跨度的比值应不小于 1/40。一般板厚为 80mm 左右，不宜小于 60mm。

（2）现浇双向板：在荷载作用下双向弯曲的板称为双向板。当为四边支承时，板的长边与短边之比小于或等于 2，在荷载作用下板长、短跨方向弯矩均较大，均不可忽略，这种板称为双向板。为保证板的刚度，当为四边简支时，板的

厚度与短向跨度的比值应不小于 1/45；当为四边嵌固时，板的厚度与短向跨度的比值不小于 1/50。四边支承的双向板厚度一般在 80～160mm 之间。除四边支承的双向板外，还有三边支承、圆形周边支承、多点支承等形式。板在墙上的支承长度一般不小于 120mm。

在工程中还有三边支承、一边自由的双向板；两相邻边支承、另两相邻边为自由的双向板。所以广义的双向板是荷载两向分布，受力钢筋两向设置的板，见图 5-1b。

2．预制板　在工程中常采用预制板，以加快施工速度。预制板一般采用当地的通用定型构件，由当地预制构件厂供应。它可以是预应力的，也可以是非预应力的。由于其整体性较差，目前在民用建筑中已较少采用，主要用于工业建筑。

预制板按截面形式不同分为：实心板、空心板、槽形板及双 T 板等。

（1）实心板：普通钢筋混凝土实心平板一般跨度在 2.4m 以内。这种板上下表面平整，制作方便。但用料多、自重大，且刚度小，多用作走道板、地沟盖板、楼梯平台板等，见图 5-3a。实心板通常在现场就地预制。

（2）空心板：空心板上下平整，当中有圆形、矩形或椭圆形孔，其中圆形孔制作简单，应用最多，见图 5-3b。这种板构造合理，刚度较大，隔声、隔热效果较好，且自重比实心板轻，缺点是板面不能任意开洞，自重也较槽形板大。所以一般用于民用建筑中的楼（屋）盖板（目前已较少采用）。非预应力空心板常用跨度为 2.4～4.8m，预应力空心板常用跨度为 2.4～7.5m；民用建筑中的空心板厚度常用 120mm、180mm 两种，在工业建筑中由于其荷载大，厚度有 240mm，宽度常为 600～1200mm。

（3）槽形板：它相当于小梁和板的组合，见图 5-3c。槽形板有正槽板和反槽板两种。正槽板受力合理，但顶棚不平整；反槽板顶棚平整，而楼面需填平，可加其他构件做成平面。槽形板较空心板自重轻且便于开洞，但隔音隔热效果较差。在工业建筑中采用较多。

（4）T 形板：T 形板是大梁和板合一的构件，有单 T 板和双 T 板两种，见图 5-3d。这类板受力性能良好，布置灵活，能跨越较大的空间，但板间的连接较薄弱。T 形板适用于跨度在 12m 以内的楼（屋）盖结构，也可用作外墙板。

三、柱

柱的截面尺寸远小于其高度。柱承受梁传来的压力以及柱自重。荷载作用方向与柱轴线平行。当荷载作用线与柱截面形心线重合时为轴心受压；当偏离截面形心线时为偏心受压（既受压又受弯）。在工业与民用建筑中应用较多的是钢筋混凝土偏心受压构件。如一般框架柱、单层工业厂房排架柱等。

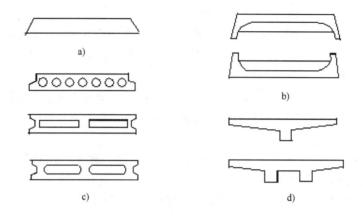

图 5-3　预制板的截面形式

钢筋混凝土轴心受压柱一般常采用正方形或矩形截面。当有特殊要求时，也可采用圆形或多边形。偏心受压柱一般采用矩形截面。当采用矩形截面尺寸较大时（如截面的长边尺寸大于 700mm 时），为减轻自重、节约混凝土，常采用工字形截面。具有吊车的单层工业厂房中的柱带有牛腿，当厂房的跨度、高度和吊车起重量较大，柱的截面尺寸较大时（截面的长边尺寸大于 1300mm），宜采用平腹杆或斜腹杆双肢柱及管柱，见图 5-4。

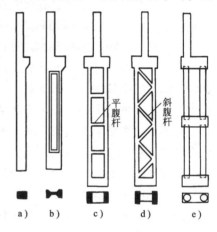

图 5-4　柱的形式
a）矩形截面柱　b）工字形截面柱
c）平腹杆双肢柱　d）斜腹杆双肢柱
e）管柱

四、墙

墙是建筑物竖直方向起围护、分隔和承重等作用，并具有保温隔热、隔声及防火等功能的主要构件。

墙体按不同的方法可以分成不同的类型。

（一）按其在建筑物中的位置区分

1．外墙　外墙是位于建筑物外围的墙。位于房屋两端的外墙称山墙；纵向檐口下的外墙称檐墙。高出平屋面的外墙称女儿墙。

2．内墙　内墙是指位于建筑物内部的墙体。

另外，沿房屋纵向（或者说，位于纵向定位轴线上）的墙，通称纵墙；沿房屋横向（或者说，位于横向定位轴线上）的墙，通称横墙。在一片墙上，窗与窗或门与窗之间的墙称窗间墙，窗洞下边的墙称窗下墙。

（二）按其受力状态分

按墙在建筑物中受力情况可分为承重墙、承自重墙和非承重墙。

承重墙是承受屋顶、楼板等上部结构传递下来的荷载及自重的墙体。

承自重墙是只承担自重的墙体。

非承重墙是不承重的墙体，例如幕墙、填充墙等。

（三）按其作用区分

按墙在建筑物中的作用区分可分为围护墙和内隔墙。

围护墙是起遮挡风雨和阻止外界气温及噪声等对室内的影响作用的墙。

内隔墙起分隔室内空间、减少相互干扰作用的墙。

在骨架结构建筑中，墙仅起围护和分隔作用，填充在框架内的又称填充墙；预制装配在框架上的称悬挂墙，又称幕墙。

根据墙体用料的不同，有土墙、石墙、砖墙、砌块墙、混凝土墙以及复合材料墙等。其中普通粘土砖墙目前已禁止采用。复合材料墙有工厂化生产的复合板材墙，如由彩色钢板与各种轻质保温材料复合成的板材，也有在粘土砖或钢筋混凝土墙体的表面现场复合轻质保温材料而成的复合墙。

按墙体施工方法分有现场砌筑的砖、石或砌块墙；有在现场浇注的混凝土或钢筋混凝土墙；有在工厂预制、现场装配的各种板材墙等。

第二节　拱

拱由曲线形构件（称拱圈）或折线形构件及其支座组成，在荷载作用下，拱的支座要产生水平反力，所以拱主要承受轴向压力。因此，跨度可以很大，变形较小。它比同跨度的梁要节约材料。用砖石砌体、钢筋混凝土、木材、金属材料建造的拱结构在房屋结构中有广泛应用。拱结构可以比梁有更大的跨度。现在世界上预应力钢筋混凝土简支梁最大跨度是76m，钢筋混凝土拱跨度达420m。

图5-5为拱的几种形式。拱有带拉杆和不带拉杆之分。按拱的构造可分为无铰拱、三铰拱和两铰拱等。

一、无铰拱

拱与基础刚性连接。无铰拱刚度较大，但对地基变形较敏感，适用于地质条件好的地基。

二、三铰拱

拱与基础铰接，拱顶由铰连接两边的拱构件。三铰拱本身刚度较差，但基础有不均匀下沉时，对结构不产生附加内力，可用于地基条件较差的地方。

三、两铰拱

两铰拱特点介于无铰拱和三铰拱之间。

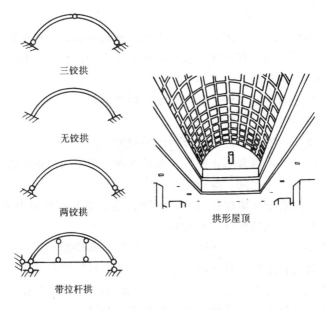

三铰拱

无铰拱

两铰拱

带拉杆拱

拱形屋顶

图 5-5　拱结构的几种形式

第三节　桁　架

　　桁架是由若干杆件构成的一种平面或空间的格架式结构或构件，是建筑工程中广泛采用的结构形式之一。如民用房屋和工业厂房的屋架、托架、跨度较大的桥梁，以及起重机塔架、建筑施工用的支架等。图 5-6a、b 分别为钢屋架和钢筋混凝土屋架图。

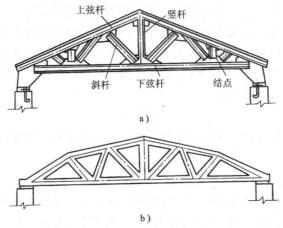

上弦杆　　竖杆

斜杆　　下弦杆　　结点

a）

b）

图 5-6　屋架

a）钢屋架　b）钢筋混凝土屋架

桁架有铰接的和刚接的。房屋建筑中常用铰接桁架。铰接桁架是由许多三角形组成的杆件体系，它在荷载作用下是稳定的。桁架上、下部杆件分别称上、下弦杆，两弦杆间的杆件则称腹杆（斜杆和竖杆）。

桁架的分类如下：

（1）根据受力特性不同分：平面桁架和空间桁架。

（2）按材料不同分：钢桁架、钢筋混凝土桁架、木桁架、钢与钢筋混凝土或钢与木的组合桁架（目前在中国木桁架已很少采用）。

（3）按外形分：三角形桁架、梯形桁架、平行弦桁架及多边形桁架等，如图5-7 所示。

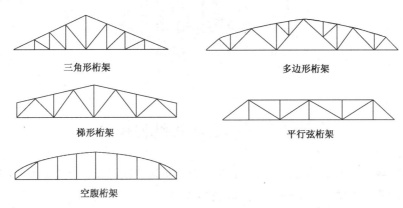

三角形桁架   多边形桁架

梯形桁架   平行弦桁架

空腹桁架

图 5-7　桁架类型

第四节　框　　架

在房屋建筑中，框架是由水平向布置的梁或屋架和竖向布置的柱组成的一种平面或空间、单层或多层的承重结构。

框架结构有单跨、多跨之分，可以是等跨或不等跨、层高相等或不相等。框架各杆件轴线和外力作用线同处于一平面内者称为平面框架；若各杆件轴线不在同一平面内者，则称为空间框架，空间框架也可由平面框架组成。

当梁（或桁架）和柱铰接而成的单层框架结构称为排架，如图 5-8a所示。

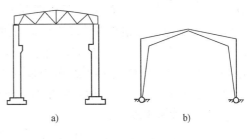

a)   b)

图 5-8　排架及门式刚架

a) 排架结构　b) 门式刚架结构

当柱和梁整体连接，则形成刚接。在工程上一般称由等截面或变截面梁柱杆件组成的单层刚接框架为刚架或门式刚架，如图 5-8b 所示。多层刚接框架称为框架，如图 5-9 所示。

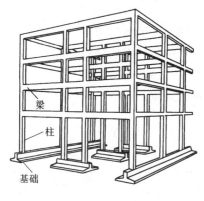

图 5-9　框架

第五节　高层建筑结构体系

在我国，一般 10 层及 10 层以上的居住建筑或房屋高度大于 24m 的公共建筑为高层建筑。高度超过 100m 为超高层建筑。

高层建筑结构除承受竖向荷载外，主要承受水平荷载，且水平荷载对结构起控制作用。其核心因素是房屋总高度决定着高层结构的结构体系、平面与立面布局、强度、刚度与整体性等要求。

高层建筑结构有钢结构、钢筋混凝土结构、钢-混凝土混合结构等类型。根据 1990 年 11 月的统计，世界最高的 100 幢建筑中，在地区分布上，76% 集中在美国；在结构类型上，钢结构为 53%，混合结构为 26%，混凝土结构为 19%；在用途上，办公楼为 85%，多功能建筑为 12%，旅馆为 3%。我国已建成的 100m 以上的超高层建筑以混凝土结构为主。

高层建筑的结构体系是随社会生产的发展和科学技术的进步而不断发展的。框架体系、剪力墙体系和框架-剪力墙（支撑）体系这三种结构体系是高层建筑中的传统结构体系，是目前最常用的。此外，还有筒体结构、悬挂结构等。

一、框架结构体系

框架结构体系是由梁、柱构件组成的刚架结构，又称纯框架。它的优点是：平面布置灵活，能提供较大的室内空间，使用比较方便；缺点是：构件截面尺寸都不能太大，否则影响使用面积。因此，框架结构的侧向刚度较小，水平荷载作用下侧移大，抗震性能不强。主要用于不考虑抗震设防且层数较少的高层建筑。

混凝土框架一般不超过 20 层。钢框架高层建筑可做到 25～30 层，再高就不经济了。一般强地震区，不宜超过 10 层。

框架结构有下面几种类型：

1. 全框架结构　竖向荷载全部由框架承担，内外墙仅起围护和分隔作用的框架结构称为全框架结构。按梁、柱的连接程度不同，全框架结构可分为：现浇整体式框架、装配式框架和装配整体式框架三种类型。

(1) 现浇整体式框架：这种框架的全部承重的梁、板、柱构件在现场浇筑成整体。它的优点是：整体性好、抗震性好、平面布置灵活；缺点是：现场工程量大、模板用量多、工期较长、受现场工作条件影响大。近年来，随着施工工艺及技术水平的发展和提高，如定型钢模板、商品混凝土、泵送混凝土、早强混凝土等工艺和措施，逐步克服了现浇框架的不足之处。

(2) 装配式框架：这种框架的主要构件，如梁、板、柱等构件由预制构件厂预制，在现场进行焊接装配。它的优点是：模板用量少、工期短、便于机械化施工、改善劳动条件等。缺点是：预埋件多、用钢量大、房屋整体性差，不利抗震。在抗震设防地区不宜采用。

(3) 装配整体式框架：装配整体式框架的做法，是将预制构件装配好之后，在梁、柱节点及板上浇筑叠合层，在适当的部位配置一些钢筋，使之结合成整体，故兼有现浇式与装配式框架的一些优点，应用较为广泛。

2. 内框架结构　如图 5-10 所示，房屋内部由梁、柱组成的框架承重，外部由砖墙承重，楼屋面荷载由框架与砖墙共同承担，这种框架称内框架或半框架，也称多层内框架砖房。这种房屋的整体性和总体刚度都较差，抗震性能较差，内框架部分应对称布置，在抗震设防地区不宜采用。

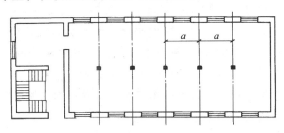

图 5-10　内框架结构

3. 底层框架结构　底层框架结构是指底层为框架结构、上部各层为承重砖墙和钢筋混凝土楼板的混合结构房屋。这种结构是因为底层建筑需要较大平面空间而采用框架结构，上层为节省造价，仍用混合结构。这类房屋上刚下柔，抗震性能差，在抗震设防地区不宜采用。

二、剪力墙结构体系

剪力墙体系利用在纵、横方向设置的钢筋混凝土墙体组成抗侧力体系。现浇剪力墙结构整体性好，刚度大，在水平荷载作用下侧移小，一般震害轻，非结构构件损坏轻（见图 5-11）。例如，1977 年罗马尼亚地震时，布加勒斯特的几百幢高层剪力墙结构仅有一幢的一个单元倒塌，而高层框架结构却有 32 幢倒塌。因此，在 10～30 层的住宅、旅馆中广泛采用剪力墙结构。剪力墙体系自重较大，基础处理要求较高，不容易布置大房间。当底层要布置门厅、会议室等大面积房间时，可将底部做成框架，上部为剪力墙的结构，这种结构称为框支剪力墙结构，如图 5-11b。框支剪力墙结构由于刚度沿竖向分布很不均匀，底部水平侧移特别大，造成严重震害，所以抗震设防地区不允许采用框支剪力墙结构。

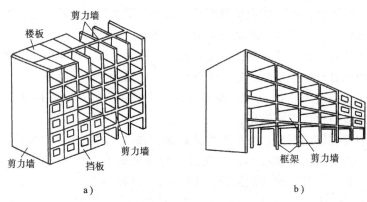

图 5-11　剪力墙结构体系
a) 剪力墙结构　b) 框支剪力墙结构

三、框架-剪力墙结构体系

框架结构侧向刚度差，抵抗水平力能力较低，但具有空间大、平面布置灵活、使用方便等优点，而剪力墙的侧向刚度和承载力均高，但平面布置不灵活。因此，把二者结合起来组成框架-剪力墙体系，可以取长补短，既有较大侧向刚度和承载力，又有较大空间，多用于 10～20 层的办公楼、旅馆、住宅等房屋，其中，剪力墙可以是单片的，也可以布置在设备井道周围做成筒体，因此又可分为框架-剪力墙和框架-核心筒两种形式，如图 5-12 所示。

四、筒体结构体系

随着房屋层数的进一步增加，结构需要具有更大的侧向刚度，以抵抗风荷载和地震的作用，因而出现了筒体结构。

筒体结构的受力，尤如一个固定于基础上的封闭箱形截面悬臂构件，由于材料分布在周边，在整个截面受弯时能最有效地发挥材料的作用，因而具有很好的抗弯和抗扭刚度，适用于 30 层以上的高层建筑。根据筒体的不同组成方式，可分为内筒体系、框筒体系、筒中筒体系和多束筒体系。

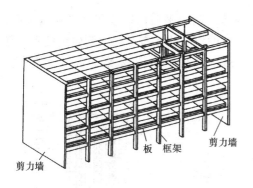

图 5-12　框架-剪力墙结构

1. 内筒结构体系　这种体系是由建筑内部的电梯间或设备管井筒体与外部框架组成，也可由筒体与桁架组成承重体系，见图 5-13。

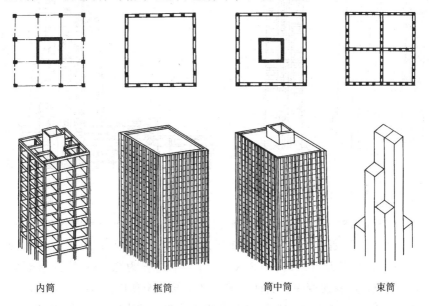

内筒　　　　框筒　　　　筒中筒　　　　束筒

图 5-13　高层建筑筒式结构

2. 框筒结构体系　框筒体系是由建筑四周中距为 1.0～3.0m（也可扩大到4.5m）的立柱和由上、下层窗洞间的墙体，即横梁组成的多孔筒体，见图 5-13。筒体的孔洞面积一般不大于壁面的 50%。纽约世界贸易中心大厦和芝加哥的印地安纳标准石油大厦都采用了框筒结构。纽约世界贸易中心框筒平面尺寸达63.5m×63.5m，高 415m，曾是世界上规模最大的钢框筒结构。它的外围柱距 9层以下为 3m，9 层以上为 1m，窗宽为 0.5m。顶点实测最大位移仅 0.46m，约为房屋高度的 1/900，足见其刚度之大，见图 5-14。

3. 筒中筒结构体系　这种体系由内、外筒组成，见图 5-13。内筒可利用电梯间和设备竖井，外筒可为框筒。内外筒体之间由平面内刚度很大的楼盖加劲，使外筒和内筒协同承载，因此它比仅有外筒的框筒体系有更大的侧向刚度和承载力。1990年建于广州的广东国际大厦有63层，高199m，是钢筋混凝土筒中筒体系，见图5-15。

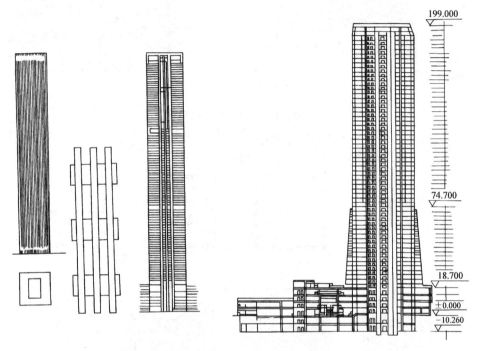

图 5-14　世界贸易中心大厦　　　　　　图 5-15　广东国际大厦

4. 多束筒结构体系　这种体系是由几个筒体组合在一起的结构体系，见图5-13。美国芝加哥西尔斯大厦有110层，高443m，加上天线达500m，见图5-16。它的底部是正方形，边长68.8m，由9个边长为22.5m的方形框筒组成，在50、66、90层各改变一次断面，只有两个筒井至顶层。

多束筒具有良好的抗扭性能，各柱的内力分布比较均匀，能很好地用于地震区。

五、巨型桁架结构

巨型桁架是将桁架的斜杆布置在结构周边，以提高结构刚度和整体性。采用此种结构时，周边框架柱的柱距较大，框筒的作用微弱。

1989年建成的香港中国银行大厦，地面以上70层，楼高315m（到屋顶天线高367.4m）。大厦平面为正方形（52m×52m），沿对角线方向分为四个三角形区，向上每隔若干层就切去一个三角形区，最高4层以上剩四分之一，为三角形，直至屋顶。它的主体结构为8榀巨型桁架，其中4榀沿房屋正方形平面的周边布置，另4榀沿对角线方向布置。各巨型桁架交点处为由型钢配筋的大型立柱，四角立柱底部最大截面为 4.8m×4.1m，直接落地深入基础，向上逐渐减小截面，如图 5-17 所示。

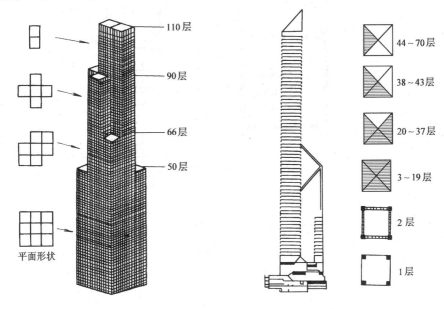

图 5-16　西尔斯大厦　　　　　　图 5-17　香港中国银行大厦

六、巨型框架结构

在框架结构中，每隔若干层设巨型梁，它们与四角的巨型柱组成巨型框架。巨型框架的概念是把框架梁柱截面大幅度加大，把一栋高层框架结构划分为很少几层，每层的梁柱都特别大。巨型框架的横梁利用整个楼层高度作为"梁"高，可以是箱形截面或桁架；巨型框架的立柱一般为筒体结构。巨型框架利用了把荷载集中在主要承重结构上的概念，其他柱子不必从上通到地。每个小柱只需承受大横梁之间少数几层荷载，截面可以做得很小；采用巨型框架结构，巨型横梁下的楼层没有中间小柱，可以布置餐厅、会议厅及游泳池等需要大空间的楼层。

由于巨型框架的梁、柱断面很大，抗弯刚度和承载力也很大，因而比一般框架的侧向刚度大得多。这些巨型梁柱的断面尺寸和数量可根据建筑物的高度和刚度需要设置。深圳新华书店大厦（35 层）就采用了巨型框架。平面外形为 28.8m×28.8m，中间为 12m×9.7m 钢筋混凝土核心筒。四周采用钢筋混凝土巨型框架体系，如图 5-18 所示。

除了上述几种结构体系外，在高层建筑中还有一些其他的结构体系。例如，悬挂结构体系，它将各楼层的重量通过支撑这些楼层的悬臂构件（梁或桁架）传到核心筒上，再传至基础，使楼层柱由受压变成受拉。在钢结构高层建筑中有这种结构形式，如图 5-19 所示。香港汇丰银行大厦采用的就是钢结构的悬挂结构。

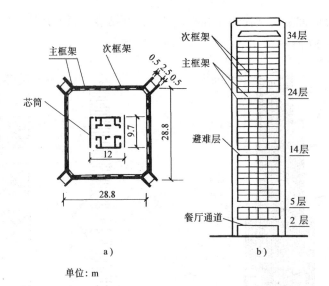

单位: m

图 5-18　深圳新华书店大厦

a) 平面　b) 立面

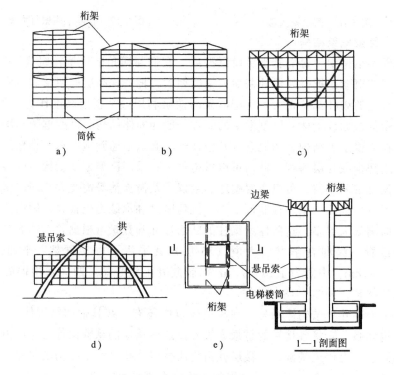

图 5-19　悬挂结构体系

第六节　空间结构体系

空间结构是 20 世纪初出现的一种新型结构，主要用在大、中跨度建筑物的屋盖上。空间结构的基本涵义有两个：一是指结构的跨度比较大；二是指结构受力体系是空间的，或是立体的，既是多向的受力结构，又是多向的传力结构。

空间结构目前有薄壳结构、网架结构、悬索结构和膜结构。同时近年来结构工程师与建筑师密切配合，用不同受力体系的结构随意组合，创造了许多组合空间结构，如在平面中央附设索拱、索桁架或大拱架等形式为主的承重结构，而两边用索网或网架结构形式；也有少量工程采用悬吊或斜拉形式组合的空间结构。

一、薄壳结构

壳体结构是以连续的曲面所形成的空间薄壁体系，由于壳体的厚度与其长、宽、曲率等尺寸相比要小得多，就像贝壳一样，因此通常都称为薄壳结构。薄壳结构的特点是本身的厚度与它覆盖的空间跨度之比是非常之小，因此，薄壳结构具有自重轻且用材经济，能覆盖大体积空间，结构受力均匀，并可提供多种优美活泼的建筑造型等特点，广泛适用于国内外公共建筑中。绝大部分薄壳所采用的材料是钢筋混凝土，常见的结构形式有：网壳、折板、筒壳、双曲壳等。

（1）网壳结构：网壳结构是曲面型的网格结构。网壳的种类很多，根据其外形常见的有球面网壳、双曲扁网壳、圆柱面网壳、扭曲壳（包括双曲抛物面鞍型网壳、单块扭网壳、四块组合型扭网壳）等四类，如图 5-20 所示。

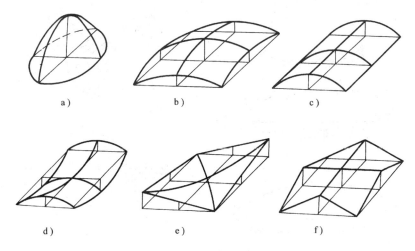

图 5-20　网壳按外形分类

a）球面网壳　b）双曲扁网壳　c）圆柱面网壳　d）双曲抛物面鞍形网壳

e）单块扭网壳　f）四块组合型扭网壳

78

（2）折板结构：折板结构是板、梁合一的空间结构，见图 5-21。装配整体式折板结构目前在我国应用较广泛，其形状主要有三角形和梯形两种。它具有自重轻、受力性能好、节省材料、制作方便、施工速度快等优点，适于中小型跨度的房屋使用。

（3）筒壳（圆柱壳）结构：筒壳结构（见图 5-22）比折板能跨越较长的横向距离，允许少用竖向支承，有较大的结构高度。钢筋混凝土筒壳跨度可达 30m；预应力筒壳跨度可达 61m。

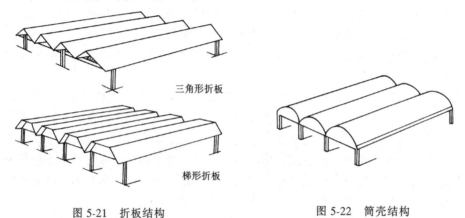

图 5-21　折板结构　　　　　　　　　图 5-22　筒壳结构

（4）双曲壳结构：双曲壳结构为有一双向曲率的壳面，见图 5-23。常用的双曲面壳有圆顶、双曲扁壳、双曲抛物面壳等，主要用于体育馆、工业建筑等。

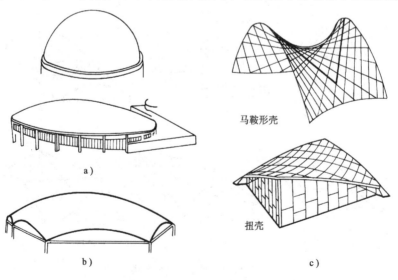

图 5-23　双曲壳结构

a）圆顶　b）双曲扁壳　c）双曲抛物面壳

二、网架结构

网架结构是由许多根杆件按照一定规律布置，通过节点连接而形成的网络状杆件结构。它的外形可以是平板形或曲面形。网架结构具有重量轻、用料省、刚度大、抗震性能好等优点，常用于大跨度屋盖结构。

1. 曲面网架 曲面网架又称壳形网架，其形式与钢筋混凝土薄壳结构一样，把混凝土的实心截面改换成比较轻巧的杆件式结构，即形成曲面网架。曲面网架有单层、双层、单曲、双曲等各种结构形式。双曲面网架有较好的空间刚度。但这类网架制造安装都比较复杂，因此较少采用，见图5-24。

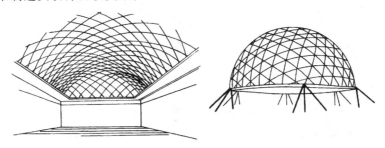

图5-24 曲面网架结构

2. 平板网架 平板网架（简称网架）外形上为有某一厚度的空间格构体，平面外形一般多呈正方形、长方形或正多边形、圆形等。其顶面和底面一般呈水平状，上、下两网片之间用杆件连接（称为腹杆）。腹杆的排列呈规则的空间体（如锥形体等）。

平板网架的平面布置形式灵活、跨度大、自重轻、空间整体性好，既可用于公共建筑，又可用于工业厂房。近年来。在体育馆、大会堂、剧院、商店、火车站等公共建筑中得到了广泛的应用。

平板网架按网架的组成分为以下两类：

（1）由平面交叉桁架组成的网架：这种网架由若干片平面桁架相互交叉而成，每片桁架的上、下弦及腹杆位于同一垂直平面内。可以两向或三向交叉组成，可以正放或斜放，见图5-25a。

（2）由角锥体组成的网架（空间桁架）：它是由三角锥、四角锥或任意角锥体单元组成的空间网架结构。锥体位置可以正放或斜放，只要把许多锥体单元按一定顺序排列，把上弦及下弦节点相互连接，连接时可以采用直接或加杆连接，便可成为整体，最后即形成网架结构，见图5-25b和图5-25c。

角锥体网架比交叉桁架体系网架刚度大，受力性能好，并可预先做成标准锥体单元，存放、运输、安装都很方便。

三、悬索结构

悬索结构是以受拉钢索作为主要承重构件的结构体系，这些索按一定规律组

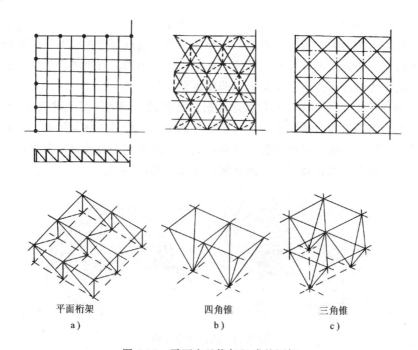

平面桁架
a)

四角锥
b)

三角锥
c)

图 5-25　平面交叉桁架组成的网架

a) 由平面交叉桁架组成的网架　b) 由三角锥组成的网架　c) 由四角锥组成的网架

成各种不同形式的结构。它是充分发挥高效能钢材的受拉作用的一种大跨度结构。这种结构自重轻、材料省、施工方便，但结构刚度及稳定性较差，必须采取措施以防止结构在风力、地震力及其他动荷载作用下产生很大变形、波动及共振等现象而遭致破坏。悬索结构一般用于 60m 以上的大跨度建筑。

悬索结构按其曲面形式可分为两类。

1. 单曲面悬索结构

（1）单曲面单层拉索体系：它由平行的单根拉索构成，其表面呈圆筒形凹面。两端支点可等高或不等高；结构可为单跨或多跨。这种结构的每根索孤立地变形，上面需要加横向的刚性构件，才能协同工作。为此，这种体系一般用钢筋混凝土屋面板，并在上面加临时荷载，使板缝增大后再用水泥砂浆灌缝。这样钢索将具有预应力，可使屋面构成一个有很大刚性的整体薄壳，见图 5-26a。

（2）单曲面双层拉索体系：这种体系由许多平行的索网组成。每片索网由曲率相反的承重索和稳定索构成。上、下索之间用圆钢或拉索联系，如同屋架的斜腹杆。通过系杆对上、下索施加预应力，可大大提高整个屋盖的刚度，从而可以采用轻屋面，以减轻重量，见图 5-26c。

2. 双曲面悬索结构

（1）双曲面单层拉索体系：这种体系适用于圆形建筑平面。拉索按辐射状布

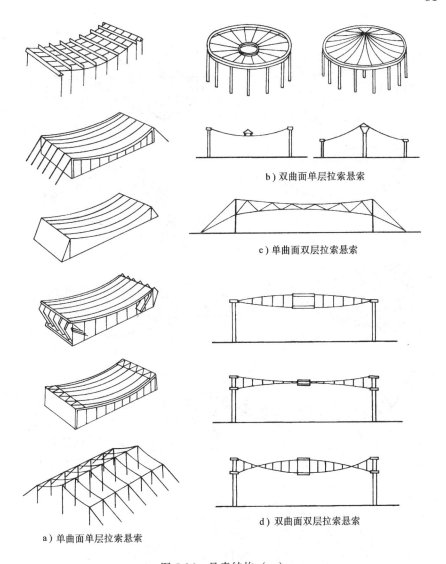

b）双曲面单层拉索悬索

c）单曲面双层拉索悬索

d）双曲面双层拉索悬索

a）单曲面单层拉索悬索

图 5-26　悬索结构（一）

置，一端锚固在受压的外环梁上，另一端锚固在中心的受拉环上或立柱上，后者一般称伞形悬索结构。拉索垂度与平行的单层拉索体系相同。为保证结构的刚度，屋面也必须采用钢筋混凝土屋面板，并施加预应力，见图 5-26b。

（2）双曲面双层拉索体系：它由承重索和稳定索构成，也主要适用于圆形建筑平面。拉索按辐射状布置，中心设置受拉环。承重索和稳定索可构成上凸、下凹或半凸半凹的屋面形式。边缘构件为一道或两道受压环梁。因为有稳定索，屋面刚度较大，可采用轻屋面，见图 5-26d。

（3）鞍形悬索：它是由两组曲率相反、相互交叉的拉索组成的双曲面索网体

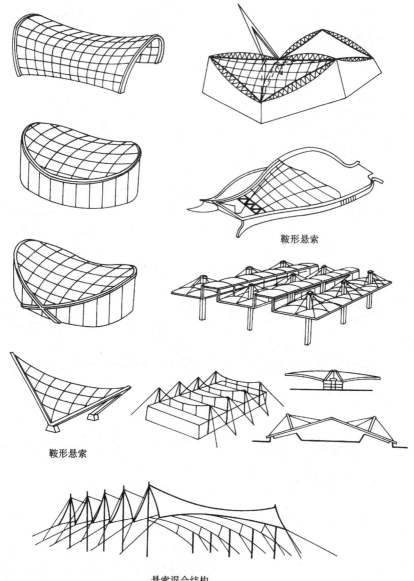

鞍形悬索

鞍形悬索

悬索混合结构

图 5-27　悬索结构（二）

系。下凹的一组拉索为承重索，上凸的为稳定索，它们都受拉。通常对稳定索施加预应力，以增强屋面刚度。

　　由于鞍形悬索刚度大，可以采用轻屋面；同时由于排水容易处理，形式多样，应用比较广泛。

　　悬索结构在工业与民用建筑中不仅适用于大跨度房屋，也可用于小跨度住宅。

悬索和其他构件组成混合结构可发挥各自的优点，可以适应各种不同的需要。

鞍形悬索、悬索混合结构见图 5-27。

在许多悬索结构中，美国明尼亚波利斯联邦储备银行大厦的结构设计很有特色，如图 5-28 所示。它是一座 11 层大楼，横跨在高速公路上，跨度 83.2m，采用悬索作为主要承重结构，悬索锚固在位于公路两侧的两个立柱（实际为筒体结构）上，立柱承受大楼的全部竖向荷载，柱顶设有大梁，以平衡悬索在柱顶产生的水平力，整个大楼就是挂在悬索和顶部大梁上。该设计还预留了将来发展的空间。

四、膜结构

膜结构是 20 世纪 70 年代初发展起来的一种新型结构，用一种玻璃纤维作为基本材料，再用聚四乙烯（特氟隆）涂料混合在一起而结合为一体的织物材料。它的最后成品为半透明体。这种膜材相似于卷材，同时具有一定的抗拉强度，结构自重

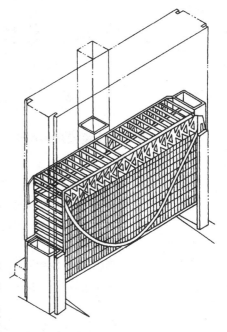

图 5-28　美国明尼亚波利斯
联邦储备银行大厦

很轻，仅为传统大跨度屋盖所耗费材料的 1/20～1/30。膜结构可以像钢筋混凝土薄壳一样既能承重又能起围护作用。

膜结构一般分为两种形式：一种为空气式支撑，但必须采用封闭式的空间，以维持一定气压差。另一种是张力骨架或支撑膜结构，骨架一般用受拉钢索预加应力方法，形成拱形结构体系，拱形骨架上面覆盖膜式织物材料。

膜材建筑起源于远古时代游牧民族用兽皮作的帐篷。第二次世界大战后美苏冷战开始，在北极海峡相峙。为避免钢或钢骨构筑物对雷达波的干扰，美国首次提出使用非金属膜材建造雷达基地用的屋顶建筑，成为现代开发膜材篷顶建筑的缘起。1970 年在日本大阪万国博览会的美国馆采用了气承式空气膜结构，它标志着膜结构时代的开始。

日本东京室内棒球馆、亚特兰大奥运会主馆的屋盖和英国泰吾士河畔的千年穹顶，为当代世界瞩目的采用索结构体系建成的标志性建筑。

膜材料除用于建筑物屋盖外，也可以替代建筑物的墙体。膜材料具有良好的可塑性与连续性，用它做建筑的覆盖材料，建筑传统的屋顶与墙壁之分的传统概念已不那么重要了。此外，膜建筑具有易建、易搬迁、易更新，充分利用阳光、空气与自然环境融合等特点，是 21 世纪"绿色建筑体系"的宠儿。

第六章 土木工程建设及使用

第一节 建 设 程 序

一、建设项目和建设程序的概念

（一）建设项目

建设项目是指按照一个设计任务书，按一个总体进行施工，由若干个单项工程组成，经济上实行独立核算，行政上具有独立的组织形式的基本建设单位。建设项目按其组成内容，从大到小，可以划分为若干个单项工程、单位工程、分部工程和分项工程等项目。

1.单项工程 单项工程是指具有独立的设计文件，自成独立系统，建成后可以独立发挥生产能力或效益的工程。如一所学校的教学楼、办公楼、宿舍、食堂等。

2.单位工程 单位工程是单项工程的组成部分。它是指具有单独设计图样，可以独立施工，但竣工后不能独立发挥生产能力和效益的工程。如办公楼通常可以分为建筑工程、安装工程两类。

3.分部工程 分部工程是指按照工程的部位、施工的工种、使用材料等不同而划分的工程。如房屋的建筑部分按部位可以划分为基础、主体、屋面和装修等。

4.分项工程 分项工程是分部工程的组成部分。它是按分部工程的施工方法、使用的材料、结构构件的规格等不同因素划分的。如房屋的混凝土工程可以分为支模板、绑扎钢筋、浇筑混凝土等分项工程。建设项目的组成和它们之间的关系如图 6-1 所示。

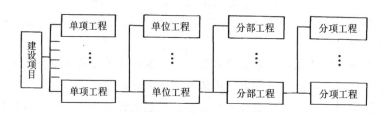

图 6-1 基本建设项目划分示意图

（二）建设程序

建设程序是指建设项目在整个建设过程中的各项工作必须遵循的先后次序，

包括项目的设想、选择、评估、决策、设计、施工以及竣工验收、投入生产等的先后顺序。这个顺序不是任意安排的，是人们在认识客观规律的基础上制定出来的，是经过多年实践而逐步被认识到的。目前我国基本建设程序的主要阶段是：项目建议书阶段、可行性研究报告阶段、设计文件阶段、建设准备阶段、建设实施阶段和竣工验收阶段。

二、基本建设程序的步骤和内容

（一）项目建议书阶段

项目建议书是要求建设某一具体工程项目的建设文件，是基本建设程序中最初阶段的工作，是投资决策前对拟建项目的轮廓的设想。它主要是从宏观上来分析项目建设的必要性，看其是否符合国家长远规划的方针和要求；同时初步分析建设的可能性，看其是否具备建设条件，是否值得投资。项目建议书经批准后，可以进行详细的可靠性研究工作，但并不表明项目非上不可，项目建议书不是项目的最终决策。

项目建议书的内容视项目的情况而繁简不同，但一般应包括以下几个方面：

（1）建设项目提出的必要性和依据。

（2）产品方案、拟建规格和建设地点的初步设想。

（3）资源情况、建设条件、协作关系等的初步分析。

（4）投资估算和资金筹措设想。

（5）经济效益和社会效益的估计。

各部门和地区及企、事业单位根据国民经济和社会发展的长远规划、行业规划、地区规划等要求，经过调查、预测分析后，提出项目建议书。项目建议书按要求编制完成后，按照建设总规范和限额划分的审批权限报批。

（二）可行性研究报告阶段

项目建议书一经批准，即可着手进行可行性研究，形成可行性研究报告。可行性研究报告是确定建设项目，编制设计文件的重要依据。所有基本建设项目都要在可行性研究通过的基础上，选择经济效益最好的方案编制可行性研究报告。通过可行性研究可以从技术、经济和财务等几个方面论证建设项目是否得当，以减少项目投资的盲目性，提高科学性。可行性报告必须有相当的深度和准确性。

各类建设项目的可行性报告内容不尽相同，一般应包括以下几个方面：

（1）根据经济预测、市场预测确定的建设规模和产品方案。

（2）资源、原材料、燃料、动力、供水和运输条件。

（3）建厂条件和厂址方案。

（4）技术工艺、主要设备选型和相应的技术经济指标。

（5）主要单项工程公用辅助设施、配套工程。

（6）环境保护、城市规划、防震、防洪等要求和采取的相应措施方案。

（7）企业组织、劳动定员和管理制度。

（8）建设进度和工期。

（9）投资估算和资金筹措。

（10）项目的经济评价，包括经济效益和社会效益。

（三）设计工作阶段

可行性研究报告经批准的建设项目应通过招、投标择优选择设计单位，按照批准的可行性研究报告的内容和要求进行设计，编制设计文件。根据建设项目的不同情况，设计过程一般划分为两个阶段，即初步设计和施工图设计。重大项目及技术复杂项目可根据不同行业的特点和需要，增加技术设计阶段。

1．初步设计　初步设计的主要内容：

（1）设计指导思想。

（2）建设地点、规模的选择。

（3）总体布置和工艺流程。

（4）设备选型和配置、主要材料用量。

（5）主要技术经济指标，劳动定员。

（6）主要建筑物、构筑物、公用设施和生活区的建设。

（7）占地面积和征地数量。

（8）综合利用、环境保护和抗震措施等。

（9）分析各项技术经济指标。

（10）总概算文字和图样。

2．技术设计　技术设计是根据初步设计进一步编制的，具体地确定初步设计中所采用的工艺、土建结构等方面的主要技术问题。

3．施工图设计　施工图设计是在初步设计和技术设计的基础上将工程的建筑外型、内部空间的分割、结构类型、结构体系、周围环境等完整地表现出来。

（四）建设准备阶段

项目在开工建设之前要切实做好各项准备工作，其主要内容包括：

（1）征地、拆迁和场地平整。

（2）完成施工用水、电、路等工程。

（3）组织设备、材料订货。

（4）准备必要的施工图样。

（5）组织施工招标和投标，择优选定施工单位。

（6）建立项目管理班子，调集施工力量。

（7）招聘并培训人员。

（8）材料、构件、半成品的定货或生产、储备等。

新开工的项目还必须具备按施工顺序需要至少有三个月以上的工程施工图

样，否则不能开工建设。

（五）建设实施阶段

生产准备是施工项目投产前所要进行的一项重要工作。生产准备完成后，具备开工条件，正式开工建设。建设单位在建设实施中起着重要的作用，对工程进度、质量、费用的管理和控制责任重大。

（六）竣工验收阶段

竣工验收是工程建设过程的最后一环，是全面考核基本建设成果、检验设计和工程质量的重要步骤，也是基本建设转入生产或使用的标志。

第二节　建　筑　设　计

建筑设计是指为满足建筑物的功能和艺术要求，在建筑物建造之前对建筑物的使用、造型和施工做出全面筹划和设想并用图样和文件表达出来的过程。

一、建筑设计的内容

广义的建筑设计的主要内容包括总体设计、建筑专业设计、结构专业设计、各专业设计及概（预）算等。

1. 总体设计　总体设计是根据建设单位的功能要求和当地规划部门的专门要求，设计建筑物的总体布局及周围环境，解决好房屋体型和外部环境协调的问题。

2. 建筑专业设计　根据批准的总体设计，合理布置和组织房屋室内空间，确定建筑平面布置、层数、层高，以及为达到室内采光、隔音、隔热等建筑技术参数要求和其他环境要求所采取的技术措施。对于工业项目及部分公共建筑，还要根据工艺要求采取相应的措施。

3. 结构专业设计　变形缝的设置，解决好结构承载力、变形、稳定、抗倾覆等技术问题，特殊使用要求的结构处理，新结构、新技术、新材料的采用，主要结构材料的选用等。

4. 建筑设备设计　建筑设备设计包括：给水与排水工程设计、电气工程设计、电信工程设计、采暖与通气设计等。

5. 概（预）算　概算是在初步设计阶段进行，预算是在施工图设计阶段进行。概算确定投资，预算确定造价，前者起控制后者的作用。它们属于设计经济文件。

二、建筑设计的程序

（一）设计的准备工作

1. 熟悉设计任务书　设计任务书是建设单位提出的设计要求，主要内容包括建设项目要求，房屋的具体使用要求、建筑面积，建设项目的总投资和单位面积造价，土建费用、房屋设备费用以及道路等室外设施费用的分配明细，基地情况，供电、供水和采暖、空调等设备方面的要求和设计期限等。

2．收集必要的设计原始资料和数据　在开始设计前，应收集的原始资料和数据有：气象资料、基地地形及地质水文资料、水电等设备管线资料、设计项目的有关定额指标等。

3．设计前的调查研究　调查研究的内容包括建筑物的使用要求，建筑材料、制品、构配件的供应情况和施工技术条件，基地踏勘，传统建筑经验和生活习惯等。

（二）设计阶段

建筑设计可分为初步设计阶段、技术设计阶段和施工图设计阶段。两个阶段时，初步设计阶段的任务和内容包括了三个阶段时初步设计和技术设计阶段的任务和内容。施工图设计阶段是建筑设计的最后阶段，它的任务是编制满足施工要求的全套图样。

施工图设计的内容包括：确定全部工程尺寸和用料，绘制建筑、结构、设备等全部施工图样，编制工程说明书、结构计算书和工程概算书等。

施工图设计的图样及设计文件包括以下几项内容：

1．图样目录　列出全套图样的目录、类别、各类图样的图名与图号。

2．施工总说明　主要说明工程概况和总的要求。内容包括工程设计依据，设计标准和施工要求。

3．建筑施工图　主要表示建筑物的总体布局，内部空间分隔，外部造型，细部构造，内外装修及施工技术要求等。图样内容包括：

（1）建筑总平面图。

（2）各层建筑平面图、各立面图及必要的剖面图。

（3）建筑构造节点详图：主要为檐口、墙身、楼梯、门窗以及各部分的详图等。

4．结构施工图　结构施工图表示建筑物的各承重构件（如基础、承重墙、柱、梁、板、屋架、屋面板等）的布置、形状、大小、数量、类型、材料做法以及相互关系和结构形式等。结构施工图主要包括以下内容：

（1）结构设计说明。

（2）结构平面：如基础平面图、楼层结构布置平面图及屋面结构平面图等。

（3）构件详图：如基础、梁、板、柱、楼梯、屋架等结构详图。

5．专业施工图　表示建筑内各种设备的设置情况。主要包括：

（1）给排水施工图分为室内给排水施工图和室外给排水施工图。室内给排水施工图是表示房屋内部给排水管网的布置、用水设备以及附属配件的设置；室外给排水施工图是表示某一区域或整个城市的给排水管网的布置以及各种取水、贮水、净水结构和水处理的设置。其主要图样包括：室内给排水平面图、给排水系统图、节点详图和说明等；室外给排水平面图及有关详图等。

（2）采暖施工图分为室外采暖施工图和室内采暖施工图两部分。室外采暖施工图表示一个区域的采暖管网的布置情况，其主要图样有：设计施工说明、总平面图、管道剖面图、管道纵断面图和详图等。室内采暖施工图表示一栋建筑物的采暖工程，其主要图样有：设计施工说明、采暖平面图、系统图、详图或标准图及通用图。

（3）建筑电气施工图是将现代房屋建筑中安装的许多电气设施经专门设计，表达在图样上。主要包括：首页图、供电总平面图、变（配）电室的电气平面图、室内电气平面图、室内电气系统图、避雷平面图等。

6．建筑、结构及设备等的说明书　相关图样上无法表示清楚的内容通过文字加以叙述。

7．结构及设备的计算书

8．工程概算书　用科学的方法编制和确定的建设项目从筹建至竣工交付使用所需全部费用的文件。

三、单项工程施工图设计的步骤

（1）若为工业建筑，则依据工艺条件，如工艺流程、设备布置和吊车吨位等具体条件；若为民用建筑，则依据使用功能，由建筑专业提出较成熟的初步设计方案。

（2）结构专业则依据建筑方案进行结构选型和结构布置，确定有关结构尺寸，对建筑方案进行必要的修正。

（3）建筑专业根据修改后的建筑方案进行建筑施工图设计。

（4）结构专业根据建筑图样进行结构施工图的设计。

（5）其他水、暖、电、空调等专业亦应配合进行。

四、建筑设计的要求

1．满足建筑功能要求　建筑物满足生产和生活需要的能力称为建筑功能。满足建筑物的功能要求是建筑设计的首要任务。例如设计学校，首先要考虑满足教学活动的需要，教室设置应分班合理，采光通风良好，同时还要合理安排教师备课、办公、贮藏和厕所等行政管理和辅助用房，并配置良好的体育场和室外活动场地等。

2．采用合理的技术措施　技术措施包括建筑材料、结构和施工技术等。正确选用建筑材料，根据建筑空间组合的特点，选择合理的结构、施工方案，使房屋坚固耐久、经济适用。

3．具有良好的经济效果　建造房屋是一个复杂的物质生产过程，需要大量人力、物力和财力，在房屋的设计和建造中，要因地制宜、就地取材，在满足使用的前提下，尽可能经济。

4. 考虑建筑美观要求　建筑物是社会的物质和文化财富，它在满足使用要求的同时，还要考虑人们对建筑物在美观方面的要求，考虑建筑物所赋予人们在精神上的感受。建筑设计要努力创造简洁、朴素、大方、反映时代特点和精神面貌的建筑形象。

5. 符合总体规划要求　单体建筑是总体规划中的组成部分，单体建筑应符合总体规划提出的要求，必须与周围环境（原有建筑、道路、绿化）相协调。

五、建筑设计的依据

1. 人体尺度和人体活动所需的空间尺度　建筑物中家具和设备的尺寸，踏步、窗台、栏杆的高度，门洞、走廊、楼梯的宽度和高度，以至各类房间的高度和面积大小，都和人体尺度以及人体活动所需的空间尺度直接或间接有关，因此人体尺度和人体活动所需的空间尺度是确定建筑空间的基本依据之一。我国成年男子和女子的平均高度分别为 1670mm 和 1560mm，人体尺度和人体活动所需的空间尺度如图 6-2 所示。

2. 家具、设备的尺寸和使用它们的必要空间　家具、设备的尺寸，以及人们在使用家具和设备时，在它们近旁必要的活动空间，是考虑房间内部使用面积的重要依据，尤其是工业建筑中设备的个数多、尺寸大，对空间的影响更大。

3. 温度、湿度、日照、雨雪、风向、风速等气候条件　气候条件包括大气中的温度、湿度、雨雪、风向、风速、日照等。气候条件对建筑物的设计有较大影响，建筑物的保温、隔热、防水、排水、朝向、采光等都取决于气象条件。例如炎热地区，房屋设计要很好考虑隔热、通风和遮阳等问题；寒冷地区通常又希望把房屋的体形尽可能设计得紧凑一些，以减少外围护面的散热，有利于室内采暖、保温。

日照和主导风向对房屋的朝向和间距影响较大，风速是高层建筑体形设计和结构设计中考虑的重要因素之一。

4. 地形、地质条件和地震烈度　基地地形的平缓或起伏，基地的地质构成、土壤特性和地基承载力的大小，对建筑物的平面组合、结构布置和建筑体形都有明显的影响。较陡的地形，常使房屋结合地形错层建造，复杂的地质条件，要求房屋的构造和基础的设置采取相应的结构构造措施。

地震烈度表示地面及房屋建筑遭受地震破坏的程度。在建筑设计时，应根据建筑物所在地区不同的烈度进行设计。

5. 生产工艺　每种生产的生产过程、所用的生产设备和运输设备、生产所需的温度与湿度条件以及生产过程中产生的物质等直接影响工业厂房的设计。如生产的产品体积、质量大，需用较大的起重运输设备，则要求厂房内部有较大的

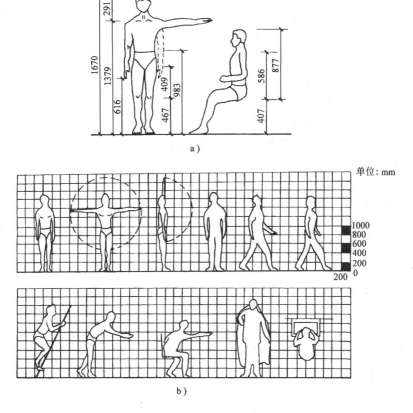

图 6-2　人体尺度及其活动所需空间尺度举例

a) 人体尺度　b) 人体活动所需空间尺度

空间,同时又要考虑荷载问题以及通行问题;生产时需要蒸汽的,还要考虑管道的敷设。

第三节　建　筑　施　工

建筑施工是指通过有效的组织方法和技术途径,按照施工设计图样和说明书的要求,建成供使用的建筑物的过程,它是建筑结构施工、建筑装饰施工和建筑设备安装的总称。

一、建筑施工的内容

建筑施工包括建筑施工管理和建筑施工技术两大部分。

1.建筑施工管理的内容　建筑施工管理工作以施工组织设计为核心,将全部施工活动,在时间和空间上科学地组织起来,合理使用人力、物力、财力,使建筑工程获得最好的效果。

一般情况，施工组织设计的内容包括以下几个主要方面：

（1）施工项目的工程概况。

（2）施工部署或施工方案的选择。

（3）施工准备工作计划。

（4）施工进度计划。

（5）各种资源需要量计划。

（6）施工现场平面布置图。

（7）质量、安全和节约等技术组织保证措施。

（8）各项主要技术经济指标。

（9）结束语。

2．建筑施工技术的内容　建筑施工技术着重研究建筑工程主要工种工程施工的工艺原理和施工方法，同时还要研究保证工程质量和施工安全的技术措施。

建筑施工过程包括以下几个分部工程：

（1）土方工程：土方工程是建筑工程施工中的主要分部工程之一，它包括土的开挖、填筑和运输等主要施工过程，以及排水、降水和土壁支撑等辅助工作。

（2）地基处理与桩基工程：基础是建筑物的重要组成部分，该部分施工包括地基局部处理、地基加固、桩基工程等。

（3）砌体工程：包括脚手架工程、砖砌体、毛石砌体等。

（4）钢筋混凝土工程：钢筋混凝土工程是由模板工程、混凝土工程、钢筋工程等多个分项工程组成。

（5）预应力混凝土工程：预应力混凝土不仅广泛地应用于工业与民用建筑，而且已应用到矿井、海港码头等新的领域，按施加预应力的时间可以分为先张法和后张法。

（6）结构安装工程：就是用起重运输机械将预先在工厂或施工现场制作的结构构件，按照设计要求在施工现场组装起来，以构成一幢完整的建筑的整个施工过程。

（7）防水工程：防水工程按其部位分为屋面防水、卫生间防水、外墙板防水、地下室防水等。

（8）装饰工程：建筑装饰工程内容包括一般工业与民用建筑的抹灰工程、门窗工程、玻璃工程、吊顶工程、隔断工程、饰面工程、涂料工程、裱糊工程、刷浆工程等。

二、建筑施工的特点

建筑施工是生产各种类型、各种结构的建筑产品，它不同于一般的工业产品，具有自己的特点：

1．建筑施工的固定性、流动性　建筑物的地点是固定的，从建造开始直至被拆除均不能移动。与建筑物的固定性相对的是在施工过程中使用的材料、设备等不仅随着建筑物建造地点的不同流动，而且还要在建筑物的不同部位流动施工。

2．建筑施工的多样性、复杂性　建筑物在满足使用要求的前提下，还要体现出一定的艺术价值、民族的风格等。

3．建筑施工的时间长　由于建筑物的体积庞大，工序多，所以施工的时间较长，少则几个月，多则几年。

4．建筑产品生产的露天作业、高空作业多　建筑物不可能在工厂、车间内直接施工，受自然条件的影响比较大。建筑物的体形庞大，特别是高层建筑的出现，施工过程中的高空作业量更大。

5．建筑施工协作单位多　在施工的过程中需要施工企业内部各部门、各工种之间的协调合作，同时也需要城市规划、土地征用、勘察设计、质量监督等部门的协作配合。

三、建筑施工的程序

建筑施工常分为以下几个阶段：

(1) 落实施工任务，签定施工合同。

(2) 统筹安排、做好施工规划。

(3) 做好施工准备工作，提出开工报告。

(4) 组织全面施工，加强现场管理。

(5) 竣工验收，交付使用。

四、建筑施工准备

施工准备是为工程施工建立必要的技术和物质条件，它不仅存在于开工之前，而且贯穿在施工过程之中，要有计划、分阶段地进行，才能使工程有次序地顺利施工。其内容有：

1．技术准备

(1) 图样和图样会审。施工企业收到拟建工程的设计图样和有关资料后，应尽快地组织有关的工程技术人员熟悉和自审图样，写出自审图样的记录。一般先由建设单位主持，设计单位和施工单位参加，三方进行图样的会审。最后在统一认识的基础上，对所讨论的内容作好记录，形成"图样会审纪要"，作为设计图样的补充。

(2) 原始资料的调查。原始资料的调查包括：

1) 调查施工场地及附近地区自然条件方面的资料。如地形与环境条件、地质条件、地震级别、工程水文地质情况、气象条件等。

2) 地区的技术经济条件调查。如当地水、电、蒸汽供应条件、交通运输条件、地方材料供应情况和当地协作条件等。

2．编制施工组织设计和施工预算

（1）施工组织设计是指导拟建工程进行施工准备和组织施工的基本技术、经济文件。

（2）施工预算是施工单位在施工前根据施工图和施工定额编制的预算。施工预算的内容主要包括工程量、材料、人工和机械四项指标。一般以单位工程为对象，按分部、分项工程进行编制。

3．物质的准备　现场施工各种工程材料、构件和配件、建筑安装设备等的准备是保证施工顺利进行的物质基础，将材料、设备等运抵施工现场，并作必要的储备量后，才具备了开工的必要条件。同时，要根据施工进度计划的要求，分期、分批地供应各种物资，并按施工需要堆放或入库。

4．现场准备

（1）施工测量。

（2）三通一平。三通指的是在建设工程场地上接通供水、供电管网、修通道路。一平指的是平整好场地。

对于对外开放经济区和三资建设工程的建设场地，往往进一步要求工程实施前达到七通一平的标准，即通上水、下水、电力、电信、煤气、热力、道路和场地平整。

（3）修建施工临时设施。对施工生产和生活需用的作业棚、宿舍、食堂、仓库、办公用房、文化设施等进行搭建；建立项目管理班子，调集施工力量。

（4）组织材料、构件、半成品订货或生产、储备以及材料机具的进场。

（5）材料、半成品等的技术试验和检验。如钢材的力学性能、混凝土或砂浆的配合比和强度试验。

（6）冬期、雨期施工准备工作。冬期气温低，施工条件差，技术要求高，费用又增加，为了保证施工质量和尽量少增加冬期施工费用，可安排一些影响小的分项工程在冬期进行施工；在雨期来临前要做好排水、排洪的沟渠等工作以利雨水排泄。

第四节　竣 工 验 收

一、建设工程竣工验收的依据和标准

工程的竣工，是指工程通过施工单位的施工建设，业已完成了设计图样或合同中规定的全部工程内容，达到建设单位的使用要求，标志着工程建设任务的全面完成。

工程竣工验收，是施工单位将竣工的产品和有关资料移交给建设单位，同时接受对产品质量的技术资料审查验收的一系列工作，它是工程建设过程的最后一环，是全面考核基本建设成果、检验设计和工程质量的重要步骤。通过竣工以结束合同的履行，解除各自承担的经济与法律责任。

建设工程符合下列要求方可进行竣工验收：

（1）完成工程设计和合同约定的各项内容。

（2）施工单位在工程完工后，对工程质量进行了检查，确认工程质量符合有关法律、法规和工程建设强制性标准，符合设计文件及合同要求并提出工程竣工报告。工程竣工报告应经项目经理和施工单位有关负责人审核签字。

（3）对委托监理的工程项目，监理单位对工程进行了质量评估，具有完整的监理资料，并提出工程质量评估报告。工程质量评估报告应经总监理工程师和监理单位有关负责人审核签字。

（4）勘察、设计单位对勘察、设计文件及施工过程中由设计单位签署的设计变更通知书进行检查，并提出质量检查报告。质量检查报告应经项目勘察、设计负责人和勘察设计单位有关负责人审核签字。

（5）有完整的技术档案和施工管理资料。

（6）有工程使用的主要建筑材料、建筑构件及配件和设备的进场试验报告。

（7）建设单位已按合同的约定支付工程款。

（8）有施工单位签署的工程质量保修书。

（9）城市规划行政主管部门对工程是否符合规划设计要求进行检查，并出具认可文件。

（10）有公安、消防、环保等部门出具的认可文件或者准评使用文件。

（11）建设行政主管部门及其委托的工程质量监督机构等有关部门责令整改的问题全部整改完毕。

二、工程技术档案

工程技术档案是指在工程建设活动中直接形成的具有归档保存价值的文字、图表、声像等各种形式的历史记录，简称工程档案。工程技术档案源于工程技术资料，是工程技术管理人员在施工过程中记载、收集、积累起来的。工程竣工后，这些资料经过整理，移交给技术档案管理部门汇集、复印、立案存档。其中一部分作为交工资料移交给建设单位归入基本建设档案。

工程技术档案是施工企业总结施工经验，分析查找工程质量事故原因，提高企业施工技术管理水平的重要基础工作；同时，交工档案也可为建设单位日后进行工程的扩建、改建、加固、维修提供必要的依据。

工程技术档案的内容包括工程准备阶段文件、监理文件、施工文件、竣工图、竣工验收文件等五方面。

（一）工程准备阶段文件

（1）立项文件：包括项目建议书、可行性研究报告及审批意见等。

（2）建设用地、征地、拆迁文件：包括建设用地批准书、建设用地规划许可证及其附件、国有土地使用证等。

（3）勘察、测绘、设计文件：包括工程、水文地质勘察报告，自然条件、地震调查、地形测量和拨地测量成果报告，设计图样和说明和设计计算书等。

（4）招、投标文件：包括招、投标文件和承包合同等。

（5）开工审批文件：包括建筑工程施工许可证、投资许可证、开工审查表等。

（6）财务文件：包括工程的概、预算材料等。

（7）建设、施工、监理机构及负责人名单。

（二）监理文件

监理文件包括监理规划、有关质量问题、进度控制、质量控制、造价控制、分包资质、监理通知、监理工作总结等。

（三）施工文件

1. 建筑安装工程

（1）土建（建筑与结构工程）。包括施工技术准备文件、施工现场准备、地基处理记录、工程图样变更记录、施工材料与预制构件质量证明文件及复试试验报告、施工试验记录、隐蔽工程检查记录、施工记录、工程质量事故处理记录等。

（2）排水、消防、采暖、通风、空调、燃气、建筑智能化、电梯工程。包括一般施工记录，图样变更记录，设备与产品质量检查、安装记录、预检记录，隐蔽工程检查记录，施工试验记录，质量事故处理记录，工程质量检验记录，室外安装和市外建筑环境等。

2. 市政基础设施工程

（1）施工技术准备：包括施工组织设计、技术交底、图样会审记录等。

（2）施工现场准备：包括工程测量资料、施工安全措施等。

（3）设计变更、洽商记录。

（4）原材料、成品、半成品、构配件、设备出厂质量合格证及试验报告。包括砂、石、砌块、水泥、钢筋（材）、石灰、沥青、涂料、混凝土外加剂、防水材料、粘接材料、防腐保温材料、焊接材料等的试验材料；混凝土预制构件、管材、管件、钢结构构件等试验材料、合格证书等；厂站工程的成套设备、预应力混凝土张拉设备、各类地下管线进室设施、产品等汇总表、说明书等。

（5）施工试验记录：包括砂浆、混凝土试块强度，钢筋（材）焊连接、填土、路基强度试验等材料，桩基础试（检）验报告，工程物质进场报验记录等。

（6）施工记录：包括地基与基槽验收记录、桩基施工记录、构件设备安装和调试记录、预应力张拉记录、管道及箱涵等工程项目推进记录、施工测温记录等。

(7) 预检记录：包括模板预检记录，大型构件和设备安装前预检记录，管道安装检查记录，供水、供热、供气管道吹（冲）洗记录等。

(8) 隐蔽工程检查（验收）记录。

(9) 工程质量检查评定记录：包括工序工程、部位工程、分部工程质量评定记录。

(10) 功能性试验记录：包括道路工程的弯沉试验记录，桥梁工程的动、静载试验记录，压力管道的强度试验、严密性试验、通球试验等记录，水池满水试验、电气照明、动力试运行记录等。

(11) 质量事故处理记录：包括工程质量事故报告和事故处理记录。

(12) 竣工测量资料：包括建筑物、构筑物竣工测量记录及测量示意图。

(13) 地下管线工程竣工测量记录。

(四) 竣工图

1. 建筑安装工程竣工图

(1) 综合图竣工图：包括总平面布置图，室外给水、排水、热力、燃气等管网综合图及专业图等。

(2) 专业竣工图：包括建筑、结构、装修（装饰）工程竣工图，电气工程（智能化工程）竣工图，给排水、采暖、燃气等工程竣工图。

2. 市政基础设施工程竣工图　市政基础设施工程竣工图包括道路工程，桥梁工程，广场工程，隧道工程，铁路、公路、航空、水运等交通工程，水利防灾工程，污水处理、垃圾处理工程等竣工图。

(五) 竣工验收文件

1. 工程竣工总结　包括工程概况表、工程竣工总结。

2. 竣工验收记录

(1) 建筑安装工程：包括工程质量验收记录、竣工验收证明书及报告、质量保修书等。

(2) 市政基础设施工程。

(3) 财务文件：包括决算文件、交付使用财产总表和财产明细表。

(4) 声像、缩微、电子档案。

三、建筑工程竣工验收工作的组织和程序

1. 竣工验收工作的组织　工程竣工验收工作由建设单位负责组织实施，勘察、设计、施工、监理等单位参加。

2. 工程竣工验收的程序　工程竣工验收应按以下程序进行：

(1) 工程完工后，施工单位向建设单位提交工程竣工报告，申请工程竣工验收。实行监理的工程竣工报告须经总监理工程师签署意见。

建设单位收到工程竣工验收报告后，对符合竣工验收要求的工程组织勘察、设计、施工、监理等单位和其他有关方面的专家组成验收组并制定验收方案。

（2）建设单位应当在工程竣工验收 7 个工作日前将验收的时间、地点及验收组名单书面通知负责监督该工程质量监督的机构。

（3）建设单位组织工程竣工验收。

四、施工总结和工程保修、回访

竣工验收之后，施工单位还有两项工作要做，就是施工总结和工程保修、回访。

1．施工总结　施工结束后，施工单位应该认真总结本工程施工的经验和教训，以提高技术和管理水平。施工总结包括技术、经济与管理几方面。

2．交工后保修、回访　工程交工后，施工单位还要依照法律规定，在一定时期内对施工的工程进行保修，以保证工程的正常使用。在保修期满之前均应组织一次质量回访检查，如有属于本单位应予以保修范围之内的工作，应进行返修。

第五节　物业管理基本知识

一、物业管理的产生

随着我国经济体制改革的深入发展，房地产业迅速崛起，成为一个独立的行业，但是，各地普遍出现"重建设、轻管理"的倾向，住户投诉日益增多。随后出现"谁出售、谁管理"的政策，在一定程度上扭转了"重开发，轻管理"的倾向。后又提出了"谁开发，谁组织管理"，即开发企业可以自己管，也可以委托他人管，于是物业管理应运而生。

物业管理是由专门的物业管理机构受物业所有者委托，运用先进的维修养护技术和科学的管理方法，以经济手段对已竣工验收投入使用的各类房屋建筑和附属配套设施、场地、周围环境、清洁卫生、安全保卫、公共绿化、道路养护等实施统一的专业化管理和维修养护，为居民生活提供高效、优质、便捷、经济的综合性服务。

物业管理是我国房地产业发展到一定阶段的必然产物，已成为新兴的、行之有效的房屋管理模式。广州市从 1981 年在东湖新村开始实行新型住宅区管理的试点；1981 年 3 月深圳市房地产公司建成几个涉外商品房住宅小区，随即成立物业管理公司，参照香港的管理方式进行专业管理。目前物业管理企业已作为一个新兴的行业在迅速发展，并逐渐趋于成熟。

二、物业管理实务

物业管理实务主要包括以下几个方面：

（1）物业的验收和接管。

（2）入户手续的办理。

（3）装修规定及管理。

（4）房屋的维修养护管理。

（5）机电及消防设备的维修保养与管理。

（6）清扫保洁的实施与管理。

（7）治安管理。

（8）车辆的停放与管理。

（9）绿化的养护与管理。

（10）住宅区管理与公共服务。

三、物业管理发展趋势

1．物业管理计算机化　随着房产体制改革的不断深化，有关物业的数据越来越庞杂，人们对物业信息的处理要求日益提高，因此采用计算机作为物业管理的工具是历史发展的必然，电子计算机在此领域的应用是物业管理手段现代化的发展方向。

只有利用计算机进行物业管理，特别是进行联网管理，才可能实现物业信息的标准化和规范化，为物业管理工作提供准确、及时的信息，有助于管理部门进行管理并做出相关决策；同时也使物业管理公司及时、准确地了解运营状况，做出经营决策，这样才能使物业管理走向现代化。

2．公用设备管理　现代化物业管理要求对公用设备进行智能化集中管理，主要包括建筑的采暖热交换系统、生活热交换系统、水箱液位、照明回路、变配电系统等进行信号采集和控制，实现设备管理系统自动化，起到集中管理、分散控制、节能降耗的作用。

根据上述要求我们通过对小区的各类公用设备的智能化管理做到运行安全、可靠、精确高效、节省能源、节省人力。设备管理内容主要包括：

（1）电源开关状态及故障报警。

（2）给排水系统智能化管理。给水、排水系统无论缺水或溢出都是很大的故障，监测系统可对给排水系统进行全面监控。电脑屏幕以动画图形显示给排水系统的运行状况，一有异常情况，自动调出报警画面显示故障位置及原因并提供声响报警和报警打印。

（3）温度、压力、流量检测。

（4）风机的启停状态。送排风应依清晨、上班、午休、夜间及楼层特性，自动调整风机启停及节电周期运转。以下送排风系统的智能化运转功能可供选择：按不同时段及楼层属性自动时序控制新风机启停；送排风机状态监控、故障报警；火警发生时自动开闭送排风机、正压送风机；正压送风机状态监控，故障报警。

(5) 照明智能化。电梯口夜间警戒时段由红外人体侦测联动照明。自动启动CCTV 系统录像。庭院照明、节日彩灯、泛光灯、广告霓虹灯、喷泉彩灯、航空障碍照明灯等的定时开头控制及各种图形及效果控制。立面、广告灯及路灯时序控制。

(6) 电梯运行状态及故障报警。

(7) 闭路电视监控系统。闭路电视监控系统用于整个小区范围内的监视。可将各监视点设于小区的各主要出入通道、车库、电梯等地，对小区的人流进行动态控制。

(8) 巡更系统。巡更系统的作用是保证小区保安值班人员能够按照预先随机设定的路线有顺序地对小区内各巡更点进行巡视，同时保护巡更人员的安全。

3. 家庭智能管理　　家庭智能管理是指将业主家中的温/湿度、电器、照明、安全防范，对外通讯等进行集中的智能化操控，使整个住宅动作在最佳状态。它是小区物业管理不可缺少的部分，也是未来住宅智能化的发展趋势。

我们采用在每户设置"集中控制盒"的方式来实现业主家庭的智能化管理；包括以下几个方面：

(1) 信息采集。收集业主家居运行的各种参数，包括三表数据、居室温度等。这些数据既可以在其自带的显示屏上显示，又可以上传至物业管理中心进行统计和计费。

(2) 可视可讲。自带可视对讲功能，业主可通过它与访客对讲，观察访客，开启单元门。

可视对讲的门口机配备 IC 卡接口，本楼住户进入时使用小区发放的 IC 卡。

(3) 家用电器的启停管理。对业主家中的空调等主要电器设备进行控制。家用电器的控制方式如下：业主在外时可通过双音频电话机或手机拨打专用电话号码，若家中无人应答时，集中控制机自动接听电话，并给业主提供语音信息，业主在语音提示下进行相应的操作，遥控启动家中空调等电器，使其在业主到家之前提前开始工作，以提供舒适的环境。

(4) 信息服务。业主通过集中控制盒可以了解自己家庭运作的各种参数，如房间温、湿度，三表读数，被控家电状态等，同时可通过网络进行各种所交费用的简单查询，并可通过集中控制盒上自带的 IC 卡接口进行费用的结算。

物业管理部门可通过小区网络及控制盒向业主发出交费通知及其他有关物业管理方面的通知等。

(5) 申请社区服务。业主需要维修、搬运、送货等社区服务时，通过集中控制盒提供的直通语音功能可直接同小区的社区服务中心联系。具体操作是，业主只要拿起集中控制机上的听筒并按下社区服务按键，就与社区服务人员建立了直接的语音联系，业主此时可说出自己的要求，而社区服务中心的工作站会自动显示出要求服务的业主的楼号和房号记录。

（6）防入侵报警。连接门磁开关、双鉴探头等防入侵探测器，当有入侵发生时及时发出报警信息至物业管理部门和小区保安部门。

集中控制盒具有紧急呼救功能，有紧急情况发生时，业主按动紧急呼救按键通知物业和保安部门采取紧急措施。

4.信息网络系统　小区信息网络系统工程建设总目标和规划如下：建成小区网络系统，为小区提供公用设备管理、物业管理、房屋智能管理及安防系统的信息基础设施和运行环境。在物业管理处建成网络中心，实现网络运行中心（NOC）和网络信息中心（NIC）。建立社区运行中心、物业管理系统，实行有效的社区管理、物业管理、安全管理、计费管理等。建立以信息交换、信息发布和查询应用为主的计算机网络应用基础环境，为满足住户间信息交流、物业公司的管理等提供先进的支持手段。通过网络中心连接 Internet 网，满足小区住户获取丰富信息的追求。提供 PPP 接入服务，为远在异地的住户同小区的沟通或上网服务提供方便。网络主干选用较为先进的千兆以太网技术，提供到住户的 10/100M 独享带宽，满足目前/未来应用对带宽的需求。

第七章　建筑施工企业项目管理

第一节　施工项目管理的概念

一、施工项目的概念

（一）项目

项目是由一组有起止时间的、相互协调的受控活动所组成的独特过程，该过程要达到符合包括时间、成本和资源的约束条件在内的规定要求的目标。

"项目"的范围非常广泛，它包括了很多内容，最常见的有：科学研究项目，如基础科学研究项目、应用科学研究项目、科技攻关项目等；开发项目，如资源开发项目、新产品开发项目、小区开发项目等；建设项目，如工业与民用建筑工程、交通工程、水利工程等。作为项目它们都具有共同的特征：

1. 项目的独特性　项目的独特性也可称为单件性或一次性，是项目最主要的特征。每个项目都有自己的独特过程，都有自己的目标和内容，因此也只能对它进行单件处置（或生产），不能批量生产，不具重复性。只有认识到项目的独特性，才能有针对性地根据项目的具体特点和要求，进行科学的管理，以保证项目一次成功。这里所说的"过程"，是指"一组将输入转化为输出的相互关联或相互作用的活动"。

2. 项目具有明确的目标和一定的约束条件　项目的目标有成果性目标和约束性目标。成果性目标指项目应达到的功能性要求，如兴建一所学校可容纳的学生人数、医院的床位数、宾馆的房间数等；约束性目标是指项目的约束条件，凡是项目都有自己的约束条件，项目只有满足约束条件才能成功，因而约束条件是项目目标完成的前提。一般项目的约束条件包括限定的时间、限定的资源（包括人员、资金设施、设备、技术和信息等）和限定的质量标准。目标不明确的过程不能称做"项目"。

3. 项目具有独特的生命周期　项目过程的一次性决定了每个项目都具有自己的生命周期，任何项目都有其产生时间、发展时间和结束时间，在不同的阶段都有特定的任务、程序和工作内容。如建设项目的生命周期包括项目建议书、可行性研究、设计工作、建设准备、建设实施、竣工验收与交付使用；施工项目的生命周期包括：投标与签订合同、施工准备、施工、交工验收、用后服务。尤其是项目管理是将项目作为一个整体系统，进行全过程的管理和控制，是对整个生命周期的系统管理。

4. 项目作为管理对象的整体性 一个项目，是一个整体管理对象，在按其需要配置生产要素时，必须以总体效益的提高为标准，做到数量、质量、结构的总体优化。由于内外环境是变化的，所以管理和生产要素的配置是动态的。项目中的一切活动都是相关的，构成一个整体。缺少某些活动必将损害项目目标的实现，但多余的活动也没有必要。

5. 项目的不可逆性 项目按照一定的程序进行，其过程不可逆转，必须一次成功，失败了便不可挽回，因而项目的风险很大，与批量生产过程（重复的过程）有着本质的差别。

（二）建设项目

"建设项目"是项目中最重要的一类。一个建设项目就是一项固定资产投资项目，既有基本建设项目（新建、扩建等扩大生产能力的建设项目），又有技术改造项目（以节约、增加产品品种，提高质量，治理"三废"，劳动安全为主要目的的项目）。建设项目是指需要一定量的投资，经过决策和实施（设计、施工等）一系列程序，在一定的约束条件下形成以固定资产为明确目标的特定过程。建设项目有以下基本特征：

（1）在一个总体设计或初步设计范围内，由一个或若干个互相有内在联系的单项工程所组成，建设中实行统一核算、统一管理。

（2）在一定的约束条件下，以形成固定资产为特定目标。约束条件一是时间的约束，即一个建设项目有合理的建设工期目标；二是资源的约束，即一个建设项目有一定的投资总量目标；三是质量约束，即一个建设项目都有预期的生产能力、技术水平或使用效益目标。

（3）需要遵循必要的建设程序和经过特定的建设过程。即一个建设项目从提出建设的设想、建议、方案选择、评估、决策、勘察、设计、施工一直到竣工、投产或投入使用，有一个有序的全过程。

（4）按照特定的任务，具有一次性特点的组织方式。表现为建设组织的一次性，资金的一次性投入，建设地点的一次性固定，设计单一，单件施工。

（5）具有投资限额标准。只有达到一定限额投资的才作为建设项目，不满限额标准的称为零星固定资产购置。

（三）施工项目

"施工项目"是由"建筑业企业自施工承包投标开始到保修期满为止的全过程中完成的项目"。这就是说，"施工项目"是由建筑业企业完成的项目，它可能以建设项目为过程产出物，也可能产出其中的一个单项工程或单位工程。过程的起点是投标，终点是保修期满。施工项目除了具有一般项目的特征外，还具有自己的特征：

（1）它是建设项目或其中的单项工程、单位工程的施工活动过程。

（2）以建筑业企业为管理主体。

（3）项目的任务范围是由施工合同界定的。

（4）产品具有多样性、固定性、体积庞大的特点。

只有单位工程、单项工程和建设项目的施工活动过程才称得上施工项目，因为它们才是建筑业企业的最终产品。由于分部工程、分项工程不是建筑业企业的最终产品，故其活动过程不能称做施工项目，而是施工项目的组成部分。

这里所说的"建筑业企业"，是指"从事土木工程、建筑工程、线路管道安装工程、装修工程的新建、扩建、改建活动的企业"。

二、施工项目管理的概念

1．项目管理　项目管理是指为了达到项目目标，对项目的策划（规划、计划）、组织、控制、协调、监督等活动过程的总称。

项目管理的对象是项目。项目管理者应是项目中各项活动主体本身。项目管理的职能同所有管理的职能均是相同的。项目的特殊性带来了项目管理的复杂性和艰巨性，要按照科学的理论、方法和手段进行管理，特别是要用系统工程的观念、理论和方法进行管理。项目管理的目的就是保证项目目标的顺利完成。项目管理有以下特征：

（1）每个项目的管理都有自己特定的管理程序和管理步骤。项目管理的特点决定了每个项目都有自己特定的目标，项目管理的内容和方法要针对项目目标而定，项目目标的不同决定了每个项目都有自己的管理程序和步骤。

（2）项目管理是以项目经理为中心的管理。由于项目管理具有较大的责任和风险，其管理涉及人力、技术、设备、资金、信息、设计、施工、验收等多方面因素和多元化关系，为更好进行项目策划、计划、组织、指挥、协调和控制，必须实施以项目经理为核心的项目管理体制。在项目管理过程中应授予项目经理必要的权力，以使其及时处理项目实施过程中发生的各种问题。

（3）项目管理应使用现代管理方法和技术手段。现代项目大多数是先进科学的产物或是一种涉及多学科、多领域的系统工程，要圆满地完成项目就必须综合运用现代管理方法和科学技术，如决策技术、预测技术、网络与信息技术、网络计划技术、系统工程、价值工程、目标管理等。

（4）项目管理应实施动态管理。为了保证项目目标的实现，在项目实施过程中要采用动态控制方法，即阶段性地检查实际值与计划目标值的差异，采取措施，纠正偏差，制订新的计划目标值，使项目能实现最终目标。

2．建设项目管理　建设项目管理是项目管理的一类，其管理对象是建设项目。它可以定义为：建设单位在建设项目的生命周期内，用系统工程的理论、观点和方法，进行有效地规划、决策、组织、协调、控制等系统性的、科学的管理活动，从而按项目既定的质量要求、动用时间、投资总额、资源限制和环境条件，科学地实现建设项目目标。建设项目管理的职能如下：

（1）决策职能。建设项目的建设过程是一个系统的决策过程，每一建设阶段的启动靠决策。前期决策对设计阶段、施工阶段及项目建成后的运行，均产生重要影响。

（2）计划职能。这一职能可以把项目的全过程、全部目标和全部活动都纳入计划轨道，用动态的计划系统协调与控制整个项目，使建设活动协调有序地实现预期目标。正因为有了计划职能，各项工作都是可预见的，是可控制的。

（3）组织职能。这一职能是通过建立以项目经理为中心的组织保证系统实现的。给这个系统确定职责，授予权力，实行合同制，健全规章制度，可以进行有效运转，确保项目目标的实现。

（4）协调职能。由于建设项目实施的各阶段、相关的层次、相关的部门之间，存在着大量的结合部，在结合部内存在着复杂的关系和矛盾，处理不好，便会形成协作配合的障碍，影响项目目标的实现。故应通过项目管理的协调职能进行沟通，排除障碍，确保系统的正常运转。

（5）控制职能。建设项目的主要目标的实现，是以控制职能为保证手段的。这是因为，偏离预定目标的可能性是经常存在的，必须通过决策、计划、协调、信息反馈等手段，采用科学的管理方法，纠正偏差，确保目标的实现。目标有总体的，也有分目标和阶段目标，各项目标组成一个体系，因此，目标的控制也必须是系统的、连续的。建设项目管理的主要任务就是进行目标控制。主要目标是投资、进度和质量。

3．施工项目管理　"施工项目管理"是建筑业企业运用系统的观点、理论和方法对施工项目进行的计划、组织、监督、控制、协调等全过程、全面的管理。

施工项目管理是项目管理的一个分支，其管理对象是施工项目，管理者是建筑业企业，施工项目管理有以下特征：

（1）施工项目的管理者是建筑业企业。建设单位和设计单位都不进行施工项目管理。一般地，建筑业企业也不委托咨询公司进行施工项目管理。由建设单位或监理单位进行的工程项目管理中涉及到施工阶段的管理仍属建设项目管理，不能算作施工项目管理。监理单位将施工单位作为监督对象，虽与施工项目管理有关，但不能算作施工项目管理。

（2）施工项目管理的对象是施工项目。施工项目管理的周期包括工程投标、签订工程项目承包合同、施工准备、施工以及交工验收及保修等阶段。施工项目的特点给施工项目管理带来了特殊性。施工项目的特点是多样性、固定性及庞大性，施工项目管理的主要特殊性是生产活动与市场交易活动同时进行；先有交易活动，后有"产成品"（工程项目）；买卖双方都投入生产管理，生产活动和交易活动很难分开，所以施工项目管理是对特殊的商品、特殊的生产活动、在特殊的市场上进行的特殊的交易活动的管理，其复杂性和艰难性都是其他生产管理所不能比拟的。

（3）施工项目管理的内容是按阶段变化的。每个施工项目都按建设程序进行，也按施工程序进行，从开始到结束，要经过几年乃至十几年时间。进行施工项目管理时间的推移带来了施工内容的变化，因而也要求管理内容随着发生变化。准备阶段、基础施工阶段、结构施工阶段、装修施工阶段、安装施工阶段、验收交工阶段，管理的内容差异很大。因此，管理者必须做出设计、签订合同、提出措施、进行有针对性的动态管理，并使资源优化组合，以提高施工效率和施工效益。

施工项目管理与建设项目管理是不同的。首先是管理的任务不同，其次是管理内容不同，第三是管理范围不同。

建设项目管理、工程设计项目管理、施工项目管理、工程咨询项目管理等都属于工程项目鉴定范畴。施工项目管理也不同于企业管理，它要求建筑业企业（承包人）以施工项目作为管理对象，以施工合同确定的内容为最终管理目标，在实施项目经理责任制和项目成本核算制的前提下，以项目经理和项目经理部为管理主体，对施工项目实施管理。

第二节　项目管理的产生与发展

一、项目管理的产生

理论上的不断突破，管理技术方法的开发和运用，生产实践的需要，为项目管理概念的产生提供了条件，进而发展成为一门学科。

有建设就有项目，有项目当然会有项目管理，故项目管理是古老的人类生产实践活动。然而项目管理成为一门学科却是 20 世纪 60 年代以后的事。当时特大型建设项目、复杂的科研项目、军事项目（尤其是北极星导弹研制项目）和航天项目（如阿波罗登月火箭等）大量出现，国际承包事业大发展，竞争非常激烈，使人们认识到，由于项目的一次性和约束条件的确定性，要取得成功，必须加强管理，引入科学的管理方法，于是项目管理学科作为一种客观需要被提出来了。

另外，从第二次世界大战以后，科学管理方法大量出现，逐渐形成了管理科学体系，并被广泛应用于生产和管理实践，如系统论、控制论、信息论、组织论、行为科学、价值工程、预测技术、决策技术、网络计划技术、数理统计等均已发展成熟并应用于生产管理实践获得成功，产生巨大效益。网络计划在 20 世纪 50 年代末的产生、应用和迅速推广，在管理理论和方法上是一个突破，它特别适用于项目管理，并已有极为成功的应用范例，引起世界性的轰动。

由于项目管理实践的需要，人们便把成功的管理理论和方法引进到了项目管理之中，作为动力，使项目管理越来越具有科学性，终于使项目管理作为一门学科迅速发展起来，跻身于管理科学的殿堂。项目管理学科是一门综合学科，应用性强，很有发展潜力，现在它与计算机结合，更使这门年轻学科出现了勃勃生机。各国的科学家进行了大量研究和试验。20 世纪 70 年代在美国出现了 CM（Construction Management），在国际上得到广泛的承认，其特点是，业主委派项目经理并授予其领导权；项目经理有丰富的管理经验并能熟练地掌握和运用各种管理技术；承包商早期便进入项目的准备工作，如设计阶段；业主、设计单位、承包商有能力共同改善设计和施工，以降低成本；进行快速施工（Fast Track）以缩短工期。CM 服务公司可以提供进度控制、预算、价值分析、质量和投资优化估价，材料和劳动力估价，项目财务服务，决算跟踪等系列服务。在英国发展起来的 QS（Quantity Surveying）可以进行多种项目管理咨询服务，如投资估算、投资规划、价值分析、合同管理咨询、索赔处理、编制招标文件、评标咨询、投资控制、竣工决算审核、付款审核等。随着投资方式的变化，项目管理方式也在发生变化。20 世纪 80 年代中期首先在土耳其产生的 BOT 投资方式，就是一种新项目融资方式。BOT 是 "Build-Operate-Transfer" 的缩写，是建设、经营、转让的意思。建设项目由承包商和银行投资团体发起，并筹集资金、组织实施以及经营管理。这种方式的实质是将国家的基础设施建设和经营私有化，建设成功后，项目由建设者经营，向用户收取费用，回收投资，还贷，盈利，达到特许权期限时，再把项目无偿转交给政府经营管理。

二、项目管理理论在我国的应用和发展

1. 引进和试验 在改革开放的大潮中，作为市场经济条件下适用的工程项目管理理论，根据我国建设领域改革的需要从国外传入我国，是十分自然而合乎情理的事。1984 年以前，工程项目管理理论首先从前西德和日本分别引进到我国，之后其他发达国家，特别是美国和世界银行的项目管理理论和实践经验随着文化交流和工程建设，陆续传达进入我国。结合建筑业企业管理体制改革和招投标制的推行，在全国许多建筑业企业和建设单位中开展了工程项目管理的试验，有关高等建筑院校也陆续开展了工程项目管理研究和教学活动。

以工程项目为对象的招标承包制从 1984 年开始推广并迅速普及，使建筑业管理体制产生明显的变化：一是建筑业企业的任务揽取方式发生了变化，由过去按企业固有规模、专业类别和企业组织结构状况分配任务，转变为企业通过市场竞争揽取任务，并按工程项目的状况调整组织结构和管理方式，以适应工程项目管理的需要；二是建筑业企业的责任关系发生了明显变化，过去企业注重与上级行政主管部门的竖向关系，转变为更加注重对建设单位（用户）的责任关系；三是建筑业企业的经营环境发生了明显的变化，由封闭于本地区、本企业的闭塞环境，转变为跨地区、跨部门、远离基地和公司本部揽取并完成施工任务。这三项变化表明，建筑市场已开始形成，工程项目管理模式的推选有了"土壤"（市场）。

2. 鲁布革工程的项目管理经验　鲁布革水电站引水系统工程是我国第一个利用世界银行贷款，并按世界银行规定进行国际竞争性招标和项目管理的工程。1982 年国际招标，1984 年 11 月正式开工，1988 年 7 月竣工。在四年多的时间里，创造了著名的"鲁布革工程项目管理经验"，受到中央领导同志的重视，号召建筑业企业进行学习。国家计委等五个单位于 1987 年 7 月 28 日以"计施（1987）2002 号"发布《关于批准第一批推广鲁布革工程管理经验试点企业有关问题的通知》之后，于 1988 年 8 月 17 日发布"（88）建施综字第 7 号"通知，确定了 15 个试点企业共 66 个项目。1990 年 10 月 23 日，建设部和国家计委等五个单位以"（90）建施字第 511 号"发出通知，将试点企业调整为 50 家。在试点过程中，建设部先后五次召开座谈会并进行了检查、推动。1991 年 9 月，建设部提出了《关于加强分类指导、专题突破、分步实施、全面深化施工管理体制综合改革试点工作的指导意见》，把试点工作转变为全行业推进的综合改革。

鲁布革工程的经验主要有以下几点：

（1）最核心的是把竞争机制引入工程建设领域，实行铁面无私的招标和投标。

（2）工程建设实行全过程总承包方式和项目管理。

（3）施工现场的管理机构和作业队伍精干灵活，真正能战斗。

（4）科学组织施工，讲求综合经济效益。

3. 项目法施工与工程项目管理　1987 年，在推广鲁布革工程经验活动中，建设部提出了在全国推行"项目法施工"的理论，并展开了广泛的实践活动。"项目法施工"的内涵包括两个方面的含义：一是转换建筑业企业的经营机制，二是加强工程项目管理，这也是企业经营管理方式和生产管理方式的变革，目的是建立以工程项目管理为核心的企业经营管理体制。1994 年 9 月中旬，建设部建筑业司召开了"工程项目管理工作会议"，明确提出，要把"项目法施工"包含的两方面内容的工作向前推进一步，强化工程项目管理，继续推行并不断扩大工程项目管理体制改革。要围绕建立现代企业制度，搞好"二制"建设：一是完善"项目经理责任制"，解决好项目经理与企业法人之间、项目层次与企业层次之间的关系；项目经理是企业法人代表在项目上的代理人，他们之间是委托与被委托关系，企业层次要服务于项目层次，项目层次要服从于企业层次，企业层次对项目层次主要采取"项目经理责任制"；二是完善"项目成本核算制"，切实将企业的成本核算工作的重心落到工程项目上。

4. 进行持久的、大规模的项目经理培训　建设部自 1992 年开始进行项目经理培训。截止到 2000 年底，已培训项目经理近 70 万人，其中有 62 万人获得了"全国建筑施工企业项目经理培训合格证"；在此基础上，通过注册，已有 32 万人取得了《全国建筑施工企业项目经理资质证书》，即取得了岗位资格。培训所使用的教材，是由建设部统一组织编写的项目经理培训教材。

自 2000 年开始，建设部统一部署了项目经理继续教育，取得"全国建筑施工企业项目经理资质证书"的项目经理，必须接受按统一的培训提纲进行的继续教育培训，并把接受继续教育列入对项目经理资质进行检查的内容。

5. 大力推进施工项目管理规范化 为了不断丰富和完善工程建设项目管理的理论，以指导项目管理实践的进一步深化和发展，建设部以"建工〔1996〕27号"文发布《关于进一步推行建筑业企业工程建设项目管理的指导意见》，总结8 年实践中的经验和教训，提出了 19 条规范性的意见，对统一认识，端正方向，促进工程项目管理产生了重大作用。

1999 年初，中国建筑业协会工程项目管理专业委员会召开了"工程项目管理专题研讨会"并发布会议纪要。在贯彻 19 条规范性指导意见的基础上，对项目经理部的组建，企业层、项目层和劳务层的关系，项目经理责任制，项目成本核算制，项目经理的地位与合法权利，完善项目经理资质认证管理等问题，提出了规范性意见。

从 2000 年 3 月开始，根据建设部建筑管理司和标准定额司的批示，由中国建筑业协会工程项目管理专业委员会组成了《建设工程项目管理规范》编写委员会编写规范，该规范于 2002 年开始实施。它不但使我国的施工项目管理走上了规范化的道路，而且作为施工项目管理发展的里程碑，把中国的施工项目管理提高到一个崭新的高平台上，开启了新的发展历程。

第三节 施工项目管理的内容与方法

一、施工项目管理的内容

在施工项目管理的全过程中，为了各阶段目标和最终目标的实现，在进行各项活动中必须加强管理工作。必须强调，施工项目管理的主体是以施工项目经理为首的项目经理部，管理的客体是具体的施工过程。

1. 建立施工项目管理组织

（1）由企业采用适当的方式选聘称职的施工项目经理。

（2）根据施工项目组织原则，选用适当的组织形式，组建施工项目管理机构，明确责任、权限和义务。

（3）在遵守企业规章制度的前提下，根据施工项目管理的需要，制订施工项目管理制度。

2．编制施工项目管理规划　施工项目管理规划是对施工项目管理目标、组织、内容、方法、步骤、重点进行预测和决策，做出具体安排的文件。施工项目管理规划的内容主要有：

（1）进行工程项目分解，形成施工对象分解体系，以便确定阶段控制目标，从局部到整体地进行施工活动和进行施工项目管理。

（2）建立施工项目管理工作体系，绘制施工项目管理工作体系图和施工管理工作信息流程图。

（3）编制施工管理规划，确定管理点，形成文件，以利执行。

3．进行施工的目标控制　施工项目的目标有阶段性目标和最终目标。实现各项目标是施工项目管理的目的所在。因此应当坚持以控制论原理和理论为指导，进行全过程的科学控制。施工项目的控制目标有以下几项：

（1）进度控制目标。

（2）质量控制目标。

（3）成本控制目标。

（4）安全控制目标。

由于在施工项目目标的控制过程中，会不断受到各种客观因素的干扰，各种风险因素随时有发生的可能，故应通过组织协调和风险管理，对施工项目目标进行动态控制。

4．对施工项目的生产要素进行优化配置和动态管理　施工项目的生产要素是施工项目目标得以实现的保证，主要包括人力资源、材料、设备、资金和技术（即 5M）。生产要素管理的内容包括三项：

（1）分析各项生产要素的特点。

（2）按照一定原则、方法对施工项目生产要素进行优化配置，并对配置状况进行评价。

（3）对施工项目的各项生产要素进行动态管理。

5．施工项目的合同管理　由于施工项目管理是在市场条件下进行特殊交易活动的管理，这种交易活动从招投标开始，并持续于项目管理的全过程，因此必须依法签订合同，进行履约经营。合同管理的好坏直接涉及项目管理及工程施工的技术经济效果和目标实现。因此，要从招投标开始，加强工程施工合同的签订、履行和管理。合同管理是一项执法、守法活动。市场有国内市场和国际市场，因此合同管理势必涉及国内和国际上有关法规和合同文本、合同条件，在合同管理中应予高度重视。为了取得经济效益，还必须注意搞好索赔，讲究方法和技巧，提供充分的证据。

6．施工项目信息管理　现代化管理要依靠信息。施工项目管理是一项复杂的现代化的管理活动，更要依靠大量信息及对大量信息的管理。施工项目目标控制、动态管理，必须依靠信息管理，并应用电子计算机进行辅助。

7. 组织协调　组织协调是指以一定的组织形式、手段和方法，对项目管理中产生的关系不畅进行疏通，对产生的干扰和障碍予以排除的活动。在控制与管理的过程中，由于各种条件和环境的变化，必然形成不同程度的干扰，使原计划的实施产生困难，这就必须协调。协调要依托一定的组织、形式和手段，并针对干扰的种类和关系的不同而分别对待。除努力寻求规律以外，协调还要靠应变能力，靠处理例外事件的机制和能力。协调为顺利"控制"服务，协调与控制的目的都是保证目标实现。

二、施工项目管理的主要方法概述

(1) 施工企业项目管理的基本方法是"目标管理方法"（Management by Objective）。

要完成其基本任务"目标控制"，必须依靠这项基本方法。然而，各项目标的实现还有其适用的最主要专业方法。这是因为，目标管理方法是实现目标的方法。目标管理方法自 20 世纪 50 年代美国的德鲁克创建以来，之所以得到了广泛的应用，并被列为主要的现代科学管理方法，就是因为它在实现目标上的特殊功效。

目标管理方法应用于施工项目管理需经过以下几个阶段：首先，要确定项目组织内各层次、各部门的任务分工，提出完成施工任务的要求和工作效率的要求；其次，要把项目组织的任务转化为具体的目标，既要明确成果性目标（如工程质量、进度等），又要明确效率性目标（如工程成本、劳动生产率等）；第三，落实目标，一是要落实目标的责任主体，二是要明确责任主体的责、权、利，三是要落实进行检查与监督的责任人及手段，四是落实目标实现的保证条件；第四，对目标的执行结果要进行评价，把目标执行结果与计划目标进行对比，以评价目标管理的好坏。

(2) 网络计划方法是进度控制的主要方法。

网络计划方法因控制项目的进度而诞生，在诞生后的 40 年来成功地被用来进行了无数重大而复杂项目的进度控制。它自 20 世纪 60 年代中期传入我国以后，在我国受到了广泛的重视，用来进行了大量工程项目的进度控制并取得了效益。现在业主方的项目招标、监理方的进度控制，承包方的投标及进度控制，都离不开网络计划。网络计划已被公认为进度控制的最有效方法。随着网络计划应用全过程计算机化（已实现）的普及，网络计划技术在项目管理的进度控制中将发挥越来越大的作用。

(3) 全面质量管理方法是质量控制的主要方法。

在我国 20 世纪 80 年代初兴起了推广全面质量管理方法（TQC）的热潮，持续了 10 多年，对推进我国各种产品质量水平的提高发挥了重大作用。至今，我们仍可以说，没有任何一种方法能取代全面质量管理方法作为工程项目质量控制的主要方法。

有人把全面质量管理方法归结为"三全一多样"，这是很有道理的。"三全"指参加管理者包括全企业要新形成一个质量体系，在统一的质量方针指引下，为实现各项目标开展各种层面的 P（计划）、D（执行）、C（检查）、A（处理）循环，而每一循环均使质量水平提高一步；"全员参与质量管理"的主要方式是开展全员范围内的"QC 小组"活动，开展质量攻关和质量服务等群众性活动；"全过程"的质量管理主要表现在对工序、分项工程、分部工程、单位工程、单项工程、建设项目等形成的全过程和所涉及的各种要素进行全面的管理。虽然，全面质量管理方法用上述说法描述未免简单化了些，但是这种说法道出了全面质量管理的精髓。

（4）可控责任成本方法是成本控制的主要方法。

成本是施工项目各种消耗的综合价值体现，是消耗指标的全面代表。成本的控制与各种消耗有关，把住消耗关才能控制住成本。

如何把住消耗关，要从每个环节做起。在市场经济条件下，资源供应、使用与管理都是消耗的环节，都要把关。消耗有量的问题，也有价的问题，两者都要控制。操作者是控制的主体，管理者也是控制的主体。因此每一个职工都有控制成本的责任。一种资源在某一环节上的节约，可能与多个责任者相关。要分清各相关责任者各自的责任，各自承担自己可以控制的那一部分的责任。所以"可控责任成本"是责任者可以控制住的那部分成本。"可控责任成本方法"是通过明确每个职工的可控责任成本目标而达到对每项生产要素进行成本控制，最终导致项目总成本得以控制的方法。"可控责任成本方法"本质上是成本控制的责任制，也是"目标管理方法"责任目标落实方法，所以，它仍是"目标管理方法"范畴的方法。

（5）安全责任制是安全控制的主要方法。

安全责任制是用制度规定每个施工项目管理成员的安全责任，项目经理、管理部门的成员、作业人员都要承担责任，不留死角。安全责任制是岗位责任制的组成内容，即应按岗位的不同确定每个人的安全责任，管理人员的责任和作业人员的责任不同，作业人员从事不同专业的工作，其安全责任也不同。要承担安全责任，就要进行安全教育，也要加强检查与考核，因此安全责任制必须包含承担安全责任的保证制度。

以上突出了项目目标控制的五种方法。它只说明我们应重视的主要（基本）方法，它绝不意味着可以忽视其他管理方法的应用。项目管理的方法是非常丰富的，我们应当有针对性地选用。另外，这五种方法也是相关的，不可孤立地对待它们。在具体工作中应根据需要，做相应地选择，做有目的的控制。

第八章　土木工程的发展趋势

第一节　高强高性能混凝土

混凝土是现代工程结构的主要结构材料，我国每年混凝土用量约 10 亿 m^3，钢筋用量约 2500 万 t，规模之大、耗资之巨，居世界前列。可以预见，钢筋混凝土仍将是我国在今后相当长时间内的一种重要的工程结构材料。物质是基础，材料的发展，必将对混凝土结构的设计方法、施工技术、实验技术以至维护管理起着决定性的作用。

一、高性能混凝土（High Performance Concrete，HPC）

HPC 是近年来混凝土材料发展的一个重要方向。所谓高性能，是指混凝土具有高强度、高耐久性、高流动性等多方面的优越性能。从强度而言，抗压强度大于 C50 的混凝土即属于高强混凝土。提高混凝土的强度是发展高层建筑、高耸结构、大跨度结构的重要措施。采用高强混凝土，可以减少截面尺寸，减轻自重，因而可获得较大的经济效益，而且，高强混凝土一般也具有良好的耐久性。我国已制成 C100 的混凝土。国外在实验室高温、高压的条件下，水泥石的强度达到 662MPa（抗压）及 64.7MPa（抗拉）。在实际工程中，美国西雅图双联广场泵送混凝土 56 天抗压强度达 133.5MPa。

在我国，为提高混凝土强度采用的主要措施有：

（1）合理利用高效减水剂，采用优质骨料、优质水泥，利用优质掺和料，如优质磨细粉煤灰、硅灰、天然沸石或超细矿渣。采用高效减水剂以降低水灰比是获得高强及高流动性混凝土的主要技术措施。

（2）采用 42.5、52.5、62.5 级的硫铝酸盐水泥、铁铝酸盐水泥及相应的外加剂，这是中国建筑材料科学研究所制备高性能混凝土的主要技术措施。

（3）以矿渣、碱组分及骨料制备碱矿渣高强度混凝土，这是重庆建筑大学在引进前苏联研究成果的基础上提出的研制高强混凝土的技术措施。

（4）交通部天津港湾工程研究所采用复合高效减水剂，用 42.5 级水泥（密度 320kg/m^3），水灰比 0.32，在实验室中制成了抗压强度分别为 68MPa 和 65MPa 的高强混凝土。

高强混凝土具有良好的物理力学性能及良好的耐久性，其主要缺点是延性较差。而在高强混凝土中加入适量钢纤维后制成的纤维增强高强混凝土，其抗拉、抗弯、抗剪强度均有提高，其韧性（延性）和抗疲劳、抗冲击等性能则能有大幅度提高。此外,在高层建筑的高强混凝土柱中,也可采用 x 形配筋、劲性钢筋或钢管混凝土等结构方面的措施来改善高强混凝土柱的延性和抗震性能。

二、活性微粉混凝土 (Reactive Power Concrete,RPC)

RPC 是一种超高强的混凝土,其立方体抗压强度可达 200～800MPa,抗拉强度可达 25～150MPa,断裂能可达 30kJ/m²,单位体积质量为 2.0～3.0t/m³。制成这种混凝土的措施是:

(1) 减小颗粒的最大尺寸,改善混凝土的均匀性。

(2) 使用微粉及极微粉材料,以达到最优堆积密度。

(3) 减少混凝土用水量,使非水化水泥颗粒作为填料,以增大堆积密度。

(4) 增放钢纤维以改善其延性。

(5) 在硬化过程中加压及加温,使其达到很高的强度。

普通混凝土的级配曲线是连续的,而 RPC 的级配曲线是不连续的台阶性曲线,其骨料粒径很小,接近于水泥颗粒的尺寸,RPC 的水灰比可降到 0.15,须加入大量的超塑化剂,以改善其工作度。RPC 的价格比常用混凝土稍高,但大大低于钢材,可将其设计成细长或薄壁的结构,以扩大建筑使用的自由度,在加拿大 sherbrook 已设计建造了一座跨度为 60m,高 3.47m 的 B200 级 RPC 的人行-摩托车用预应力绗架桥。

三、低强混凝土

美国混凝土学会(ACI)提出了在配料、运送、浇注方面可控制的低强度混凝土,其强度为 8MPa 或更低。这种材料可用于基础桩基的填、垫、隔离及作路基或填充孔洞之用,也可用于地下构造,在一些特定情况下,可用其调整混凝土的相对密度、工作度、抗压强度、弹性模量等性能指标,而且不易产生裂缝。荷兰一座隧洞工程中曾采用了低强度砂浆(low-strength mortar,lsm),其组分为:水泥 150kg/m³;砂 1080kg/m³;水 570kg/m³;超塑化剂 6kg/m³,所制的 lsm 的抗压强度为 3.5MPa,弹性模量低于 500MPa,lsm 制成的隧洞封闭块,比常规的土壤稳定法节约造价,故这种混凝土可望在软土工程中得到应用和发展。

四、轻质混凝土

利用天然轻骨料(如浮石、凝灰岩等)、工业肥料轻骨料(如炉渣、粉煤灰陶粒、自燃煤矸石等)、人造轻骨料(页岩陶粒、黏土陶粒、膨胀珍珠岩等)制成的轻质混凝土具有密度较小、相对强度高以及保温、抗冻性能好等优点,利用工业废渣如锅炉煤渣、煤矿的煤矸石、火力发电站的粉煤灰等制备轻质混凝土,可降低混凝土的生产成本,并变废为用,减少城市或厂区的污染,减少堆积废料占用的土地,对环境保护也是有利的。

五、纤维增强混凝土

为了改善混凝土抗拉性能差、延性差等缺点，在混凝土中掺加纤维以改善混凝土性能的研究发展得相当迅速。目前研究较多的有钢纤维、耐碱玻璃纤维、碳纤维、芳纶纤维、聚丙烯纤维或尼龙纤维混凝土等。

在承重结构中，发展较快、应用较广的是钢纤维混凝土。而钢纤维主要有用于土木工程的碳素纤维和用于耐火材料工业中的不锈钢纤维。用于土木工程的钢纤维主要有以下几种生产方法：钢丝切断法、薄板剪切法、钢锭铣削法、熔钢抽丝法。

当纤维长度及长径比在常用范围，纤维量在 1% ～2% 的范围内，与基体混凝土相比，钢纤维混凝土的抗拉强度可提高 40% ～80%，抗弯强度可提高 50% ～120%，抗剪强度提高 50% ～100%，抗压强度提高较小，在 0～25% 之间。弹性阶段的变性与基体混凝土性能相比没有显著差别，可大幅度提高衡量钢纤维混凝土塑性变形性能的韧性。

钢纤维混凝土采用常规的施工技术，其钢纤维掺量一般为 0.6% ～2.0%。再高的掺量，将容易使钢纤维在施工搅拌过程中结团成球，影响钢纤维混凝土的质量。但是国内外正在研究一种钢纤维掺量达 5% ～27% 的简称为 sifcon 的砂浆渗浇钢纤维混凝土，其施工技术不同于一般的搅拌成型的钢纤维混凝土，它是将钢纤维先松散地放在模具内，然后浇注水泥浆或砂浆，使其硬化成型。sifcon 与普通钢纤维混凝土相比，其特点是抗压强度比基体材料有大幅度的提高，可达 100 ～200MPa，其抗拉、抗弯、抗剪强度以及延性、韧性等也比普通掺量的混凝土有更大的提高。

另一种名叫砂浆渗浇钢纤维混凝土（simcon）的施工方法与 sifcon 的基本相同，只是预先埋置在模具内的不是乱向分布的钢纤维，而是钢纤维网，制成的产品中，其纤维掺量可达 4% ～6%。实验表明，simcon 可用较低的钢纤维掺量而获得与 sifcon 相同的强度和韧性，从而取得比 sifcon 节余材料和造价的效果。

虽然 sifcon 或 simcon 力学性能优良，但由于其钢纤维用量大、一次性投资高，施工工艺特殊，因此，它们只是在必要时用于某些特殊的结构或构件的局部，如火箭发射台和高速公路的抢修等。

在砂浆中铺设钢丝网及网与网之间的骨架钢筋（简称钢丝网水泥）所做成的薄壁结构，具有良好的抗裂能力和变形能力，在国内外造船、水利、建筑工程中应用较为广泛。近年来，在钢丝网水泥中又掺入钢纤维来建造公路路面、渔船、农船等，取得了更好的双重增韧、增强效果。

六、自密实混凝土

自密实混凝土不需机械振捣，而是依靠自重使混凝土密实。混凝土的流动度虽然高，但仍可以防止离析。配制这种混凝土的方法是：粗骨料的体积为固体混凝土的体积的 50%；细骨料的体积为砂浆体积的 40%；水灰比为 0.9～1.0；进行流动性实验，确定超塑化剂用量及最终水灰比，使材料获得最优的组合。

这种混凝土的优点有：在施工现场无震动噪声；可进行夜间施工，不扰民；对工人健康无害；混凝土质量均匀、耐久；钢筋布置较密或构件体形复杂时也易于浇筑；施工速度快，现场劳动量小。

七、智能混凝土

利用混凝土组成的改变，可克服混凝土的某些不利性质，例如：高强混凝土水泥用量多，水灰比低，加入硅灰之类的活性材料，硬化后的混凝土密实度好，但高强混凝土在早期硬化阶段具有明显的自主收缩和空隙率较高，易于开裂等缺点。解决这些难题的一个方法是，用掺量为 25% 的预湿轻骨料来替换骨料，从而在混凝土内部形成一个"蓄水池"，使混凝土得到持续的潮湿养护。这种加入"预湿骨料"的方法可使混凝土的自主收缩大为降低，减少了微细裂缝。

高强混凝土的另一个问题是良好的密实性所引起的防火能力的降低，这是因为在高温时，砂浆中的自由水和化学结合水转变为水汽，但却不能从密实的混凝土中逸出，从而形成气压，导致柱子保护层剥落，严重降低了柱的承载力，解决这个问题的一种方法是，在每方混凝土中加入 2kg 聚丙烯纤维，在高温时，纤维融化形成了能使水汽从边界区逸出的通道，减小了气压，从而防止柱的保护层剥落。

八、碾压混凝土

碾压混凝土近年发展较快，可用于大体积混凝土结构、工业厂房地面、公路路面及机场道面等。

用于大体积混凝土的碾压混凝土的浇筑机具与普通混凝土不同，其平整使用推土机，振实用碾压机，层间处理用刷毛机，切缝用切缝机，整个施工过程的机械化程度高，施工效率高，劳动条件好，可大量掺用粉煤灰，与普通混凝土相比浇注工期可缩短，用水量可减少，水泥用量可减少。碾压混凝土的层间抗剪性能是修建混凝土高坝的关键问题，国内大连理工大学等单位曾开展这方面的研究工作。在公路工业厂房地面等大面积混凝土工程中，采用碾压混凝土，或者在碾压混凝土中再加入钢纤维，成为钢纤维碾压混凝土，但其力学性能及耐久性还需进一步完善。

第二节　钢　结　构

一、钢结构工程是一项"绿色环保工程"

在国外发达国家，特别是国际大城市，新建的建筑物、构筑物等大都采用钢结构，他们已经把钢结构看作"绿色环保工程"来发展和应用。随着经济的发展，社会的进步，环境保护已经成为影响人类生存的一项主要任务，我国也把环境保护作为一项基本国策。经济发展、城市建设离不开基本建设，工程项目建设是环境污染的重要来源，控制和减少工程建设的环境污染显得十分重要，钢结构和其他结构如钢筋混凝土结构、砖石结构、木结构相比，造成环境破坏的程度最小，我们应该把钢结构工程看作"绿色环保工程"来大力推广应用。

据国外有关机构的统计分析，对同样规模的建筑物，采用钢结构方案比采用钢筋混凝土结构或砖石结构方案在有害气体（主要是 CO_2）和有害物排放量方面，相差较大，钢结构建造过程中有害物的排放量只相当于混凝土结构或砖石结构的 50%～75%（平均 65%）。采用钢结构确实是基本建设中首选的"环保"方案。

（1）废弃料可再生利用，益于环保。

几乎在每一个钢筋混凝土结构或砖混结构的建筑物施工现场，都可以看到很多建筑垃圾，这些垃圾成为城市建设和环保工作的一个大难题，几乎不可能再生利用，造成环境污染和资源浪费。而对于钢结构来说，其废弃料可回炉炼钢，再行利用，既解决了废弃物的处理问题，同时又节约了资源，发挥了其社会效益和经济效益。

（2）避免了砂、土、粉尘飞扬，净化空气。

由于建筑工地使用大量的砂、石、土及水泥等散装料，在大风的情况下，非常容易引起尘土飞扬，造成空气污染，同时也没有行之有效的办法解决这一环保难题。钢结构建筑工地很少使用砂、石、土和水泥等散装料，这就从根本上避免了尘土飞扬，污染环境的问题。

（3）工厂化生产，现场施工周期短，环境问题易解决。

建筑工地是城市环境治理和环保工作的重点之一。工程的施工工期越短，对环保越有利。钢结构工程的工期比混凝土结构工程或砖混结构工程的工期普遍要短，同时钢结构工程有一半以上的时间是在工厂车间内部进行，因此钢结构工程的工地安装工期更短，现场工期的大量缩短，有利于城市的环境治理和环保。另外，工厂化生产也使得加工制造阶段的环境污染问题能够很好地控制，因为工厂里环保的手段和条件要远远好于工地现场。

（4）围护体系易采用环保产品。

对钢筋混凝土结构或砖石结构的建筑物，其围护材料选用局限较大，钢结构建筑物由于其连接的灵活性，各种新型围护材料都可以采用，如彩钢板、金属幕墙、玻璃、屋面膜材料（模结构）等，这些新的围护材料都属于环保产品。

除以上特点外，钢结构构件轻质高强，自重轻，能大大减少结构基础的混凝土量和土方量，减少工程运输量，降低施工现场的噪声，所有这些优越性都是有利于环境保护，我们应该把钢结构的推广应用提高到环境保护的高度来认真对待，大力发展钢结构。

二、大跨度空间钢结构

1．大跨度空间钢结构在国外的应用　世界上先进国家近十年来在大跨钢结构方面得到日新月异的发展，结构形式丰富多彩，各种新技术、新材料广泛应用，其跨度和规模越来越大。尤其是在欧美、日本等经济发达国家，建造了多个跨度达 200m 以上的超大跨度的空间结构。如日本 1993 年建成的直径达 220m 的福冈体育馆由三块可旋转的扇形网壳组成，构成一个可开启结构。1999 年底落成的英国伦敦千禧穹顶，直径 320m，12 根擎天大柱与索膜构成张拉结构。新加坡 20 世纪 80 年代落成的樟宜机场采用网架结构的三机位机库其大门跨度达 218m。这些超大跨度钢结构的一个共同特点是：跨度越来越大，自重越来越轻，更多地采用新材料、新技术，设计计算工作越来越仔细、周到，施工安装更为快捷、简便。这些建筑规模宏大、结构先进，充分反映了这些发达国家的综合国力与先进的建筑技术水平。

2．大跨度空间钢结构在我国的应用　中国在最近十年来空间结构的研究与应用也有了迅猛发展，反映在各种结构形式的广泛应用上，跨度超过 100m 的建筑也开始大量出现。在材料的应用方面向轻质高强发展。一些力学性能好，结构优美的大跨度网壳，索杂交结构，索膜张拉结构成为这一时期的主流。在应用领域方面主要是体育场馆，大跨度机库，干煤棚等方面。如 1994 年建成的天津体育馆为双层球面网壳，圆形平面净跨直径为 108m，1997 年建成的长春体育馆，平面形状为桃核形，建筑造型由球面网壳切去中央条带后再拼合而成，2.8m 厚的双层网壳采用方（矩形）钢管相贯焊，平面外围尺寸达 146m×191.7m。体育馆除了简单采用网壳结构以外，设计师们更喜欢在结构型式上予以突破。如 1998 年竣工的上海 8 万人体育场，其钢结构悬臂桁架跨度最大达 73.5m，最小达 21.6m，挑蓬盖面积 37000m²，桁架上设立伞状膜结构，这是国内在膜结构应用方面一次大胆的尝试。浙江黄龙体育中心则是斜拉网壳用于体育场挑蓬的一个成功的范例，结构上由吊塔、斜拉索、箱形钢内环梁、钢网壳、预应力混凝土箱形外环梁组成，由于其独特的结构特点使场内看台范围内无柱，无视觉障碍，挑蓬外挑 50m，平面呈月牙形，总覆盖面积达 22000m²。在干煤棚建设中应用较多的是双层筒壳与网架，国内建成的有 10 多项大跨度干煤棚，筒壳跨度最大的是扬州第二热电厂干煤棚，跨度为 103.6m。也有采用双层球面网壳作为储煤仓的，如福建樟州市后石电厂就采用了 5 个直径 123m 的球面壳。在大型飞机维修库应用最多的是平板型网架，如 1995 年建成的首都机场 150m＋150m 四机位机库、厦门机场 155m 双机位机库、上海虹桥机场 150m 双机位机库等。而在新建的航站楼屋盖中采用较多的是相贯连接的平面曲线钢桁架，如深圳机场二期跨度 60m＋80m 钢桁架，整个屋盖尺寸 135m×195m，首都机场新航站楼也采用类似结构。1998 年建成的上海清东机场航站楼则采用新型的梁弦结构，上弦为弧形钢梁，下弦为悬索，连接上下弦的为竖向压杆，该结构最大跨度达 80m，结构明快简洁。在大型公共建筑展览馆方面，空间钢结构也应用得较多，如 1998 年落成的北京海洋馆，平面开头奇特复杂，采用大柱网多点支承曲面网架结构，屋面覆盖面积达 15000m^2。新型索与膜的张拉结构在中国已开始起步，近年来陆续建成了 10 个索膜张拉结构建筑。除了这些大跨度结构以外，国内应用最多、面最广的还是普通平板型网架结构，在中小跨度体育馆，特别是在大柱网大面积单层工业厂房和各种公共建筑中都应用了大量的平板网架结构。如 1991 年建成的第一汽车制造厂高尔夫轿车安装车间，柱网尺寸 21m×21m，总面积为 8 万 m^2，1995 年竣工的云南省玉溪卷烟厂单层厂房网架屋盖面积达 13 万 m^2。

三、高层钢结构

世界上第一幢钢结构高层建筑是在 1885 年建于美国芝加哥，共 10 层，高 55m。它比世界上第一座钢筋混凝土高层建筑早 17 年。100 多年来，高层钢结构已得到很大的发展。在国外，钢结构和钢-混组合结构在高层建筑中占有 30% 以上的比例。改革开放以来，我国已建成 20 多幢高层钢结构房屋，总建筑面积 200 万 m^2 左右，其中最高的是上海金茂大厦，地上 88 层，高 418m。虽然我国的高层建筑中钢结构的比例还很小，但是最高的 10 多幢高层建筑中钢结构却占有相当大的比例。长期以来我国由于在经济和钢铁生产等方面的落后，工程建设主要以钢筋混凝土结构为主，采用钢结构不经济的观念根深蒂固。但是近几年情况已经发生了变化，我国工程技术人员已经掌握了高层钢结构的设计及施工技术。与钢筋混凝土高层建筑相比，钢结构高层建筑有以下特点：

（1）结构自重小。高层钢筋混凝土结构自重一般为 1.5～2.0t/m^2，而高层钢结构自重都在 1.0t/m^2 以下，相差 1/3～1/2。结构重量的减轻，不仅节约了运输和吊装费用，更重要的是有利于抗震，地震作用随着自重的减轻而显著降低。自重的减轻还会降低地基基础的造价，这在软土场地尤为明显。

（2）有效使用空间大。由于钢材强度远高于混凝土强度，钢结构构件的截面尺寸就相对较小。如钢柱断面为 450mm×450mm 时，相应钢筋混凝土柱的截面要在 900mm×900mm 左右。与相同建筑面积的钢筋混凝土结构相比，钢结构的实际使用面积可增加 3%～6%。另外，高层建筑所需要的大量管线可以很方便地在钢梁腹板内穿过和布置在 H 形柱的凹槽内，这同样可以增加有效空间。

（3）施工速度快。钢结构构件一般均在工厂制作，现场安装，多为干法作业，而混凝土结构则主要是湿法作业，需要一定的混凝土养护期。对于 50 层左右的高层建筑，钢结构的施工工期约为 2～2.5 年，混凝土结构的施工工期为 3 年，相差 0.5～1 年。

（4）有利于环保。钢结构施工机械化程度高；造成的粉尘、噪声要小得多；钢结构大部分可回收再利用或作为废钢重新炼钢。如我国有几个钢厂是从国外引进的旧钢结构厂房，不仅价钱便宜，而且投产很快，使用上也没有什么问题。对于大多建在大城市中心地带的高层建筑来说，考虑环境保护意义重大。

（5）抗震性能好。从设计和制造上来说，要达到相同的抗震能力，钢结构要比其他材料的结构方便容易，增加的费用要少。从实际震害调查来看，钢结构的损坏程度更是小于其他结构。

（6）防火性能差。未加防护的钢结构，其耐火极限仅 15min，远小于混凝土的耐火极限（300mm×300mm 钢筋混凝土柱的耐火极限为 3.00h）。为了防火，高层钢结构需要喷刷防火涂料或设置防火板，也可以外包混凝土，既防火又增加承载能力。

第三节　智　能　建　筑

一、智能建筑物的发展

世界上第一座智能大厦在美国哈福德市（City Place），它是一座 38 层（地下 2 层）的建筑，1984 年完工。日本第一栋智能化大厦（日本青山）是一座 17 层（地下 3 层）的建筑。日本于 1985 年设立智能建筑专业委员会，对智能建筑的概念、功能、规划、设计、施工、试验、检查、管理、使用、维护等进行研究。据预测，日本近年新建的高层楼宇中有 60% 将是智能型的，美国将有数以万计的智能型大楼建成。随着社会计算机技术和信息技术的发展，智能建筑物已成为现代化建筑的新趋势。

我国从 1980 年开始对建筑物智能化现代技术进行开发和应用，近十年来，上海、北京、广州相继建成一些有相当水平的智能化建筑，如上海的上海商城、花园饭店；广州的国际大厦；北京的中国国际贸易中心等。

从智能化大厦技术和发展来看，最初的系统是一对一设配置线而集中控制监测、传送，随着计算机和通信传送技术的发展，一对信号线可以传送多种信号，同时随着高处理能力且价格低廉的现场控制器的出现，以往的集中监视、集中控制扩大到集中监视、集中管理、分散控制。中央控制设备转变为以打印报表（管理）、紧急应变处理为主的设备。一旦发生事故，可以通过大楼综合管理系统发现事故，让事故处理人员根据系统提供信息作出最快反应，以减少事故扩大。

另一方面，智能化建筑物的现代技术，是将以往独立的子系统管理方式发展为各子系统集成的综合管理系统，也就是说集成系统可以在一个中央管理监控室内对建筑物的机电设备、保安、消防（二次监控）等三个子系统进行集中管理，实现"三位一体"，成为建筑物中设备和人员的"防灾中心"。

目前，国外智能建筑正朝两个方面发展，一方面智能建筑不限于智能化办公楼，正在向公寓、酒店、商场等建筑领域扩展。所谓智能化住宅，由电脑系统根据天气、湿度、温度、风力等情况自动调节窗户的开闭、空调器的开关，以保持房间的最佳状态。例如天气不好，刮风或下雨，窗户便立即关闭，空调器开始工作；如果看电视时电话铃响了，则电视机音量会自动降低，夜间的立体声音过大，房间的窗户也会自动关闭，以免影响他人等。另一方面，智能建筑已从单一建造发展到成片规划、成片开发，它最终或许会导致"智能广场"、"智能化小区"的出现。

二、智能建筑物的基本概念

随着高层建筑物的大型化和多功能化的不断发展，提供的服务项目不断增加，同时，采用的机电设备、通讯设备、办公自动化设备种类繁多，其技术性能先进又复杂，管理工作已非人工所能应付。因此，智能建筑物管理系统应运而生。所谓"智能建筑物管理系统（Intelligent Building Management System, IBMS)"，是以目前国际上先进的分布式信息与控制理论而设计的集散型系统（Distributed Control System）。它综合地利用现代计算机技术（Computer），现代控制技术（Control）、现代通信技术（Communication）和现代图形显示技术（CRT），即称为4C技术。国际上智能建筑物研究机构也对智能建筑物作出了如下描述："通过对建筑物的四个基本要素，即结构、系统、服务、管理以及它们之间的内在联系，以最优化的设计来提供一个投资合理同时又拥有高效率的优雅舒适、便利快捷、高度安全的环境空间。智能建筑物能够帮助大厦的主人、财产的管理者和占有者等意识到他们在诸如费用开支、生活舒适程度、商务活动方便快捷、人身安全等方面将得到最大利益的回报"。为了完成这一目标，需要在建筑物内建立一个综合的计算机网络系统，该系统应能将建筑物内的设备自控系统、通信系统、商业管理系统、办公自动化系统以及某些具有人工智能的智慧卡系统和多媒体音像系统集成为一体化的综合计算机管理系统。该系统能全面实施对建筑物内设备多方面的管理，如空调、供热、给排水、变配电、照明、电梯、消防、卫星广播电视、闭路电视监控、防盗报警、出入口控制、巡更管理；商业方面包括：物业管理、酒店管理、商业财务结算、停车场收费、商业资讯、购物引导；通信方面的包括内部通信、语音通信、数据通信、图形图像通信；办公自动化方面包括计算机终端、打印机、复印机、传真机等诸多方面的管理以及监视和控制。

通过对这些系统设备的管理和监控，为大厦提供一个高度的安全性和对灾害的防御能力；创造一个舒适的小环境；同时提高对大厦进行科学与综合管理的能力和效率，并且达到节省能源的目的。

综上所述，可以把智能大厦的基本概念定义为："在现代建筑物内综合利用目前国际上最先进的4C技术，建立一个由计算机系统管理的一元化集成系统，即智能建筑物管理系统"。其智能建筑物管理系统应涵盖和体现三方面的管理内容和服务功能，即：

(1) 确保大厦内人身和财产的高度安全，以及灾害和突发事件的防御能力。

(2) 提供舒适的小气候环境空间，并相应地节省能源和人事成本。

(3) 建立信息高速公路，提供方便快捷以及多样化的通讯方式。

三、4C 技术

1. 现代计算机技术 当代最先进的计算机技术应该首推的是：并行处理、分布式计算机网络技术。该技术是计算机多机系统联网的一种形式，是计算机网络的高级发展阶段，在目前国际上计算机科学领域中备受青睐，是计算机迅速发展的一个方向。该技术的主要特点是，采用统一的分布式操作系统，把多个数据处理系统的通用部件合并为一个具有整体功能的系统，各软硬件资源管理没有明显的主从管理关系。分布计算机系统更强调分布式计算和并行处理，不但要做到整个网络系统硬件和软件资源的共享，同时也要做到任务和负载的共享。因此对于多机合作和系统重构、冗余性的容错能力都有很大的改善和提高。因而系统可以做到更快的响应，更高的输入与输出的能力和高可靠性，同时系统的造价也是最经济的。

2. 现代控制技术 目前国际上最先进的控制系统应为集散型监控系统（DCS），采用实时多任务多用户分布式的操作系统，其实时操作系统采用微内核技术，切实做到抢先任务调度算法的快速响应。组成集散型监控系统的硬件和软件采用标准化、模块化、系统化的设计。系统的配置应具有通用性强，系统组态灵活，控制功能完善，数据处理方便，显示操作集中，人机界面较好，系统安装、调试、维修简单化，系统运行互为热备份，容错可靠等性能。

3. 现代通信技术 现代通信技术主要体现在 ISDN（综合业务数字网）功能的通信网络，同时在一个通信网上实现语音、计算机数据及文本通信。在一个建筑物内采用语音、数据、图像一体化的结构化布线系统。

4. 现代图形显示技术 采用动态图形和图形符号来代替状态的文字显示，并采用多媒体技术，实现语音和影像一体化的操作和显示。

四、智能建筑物的特点

1. 完善的计算机系统及通信网络 该系统充分考虑其通用性和可扩展性，可连接或方向符合 CCITT 建议的 X25（1978、1980 或 1989）规程或国际标准（ISO 或 DIS）7776 及 8202 等公用数据网络（ISDN）。该网络的构成范围，即大厦裙楼、主楼、副楼由光纤网络构成主干网，该主干网的分支形成大楼内的局部网络，并支持大楼外的广域网。从发展来看，楼内局部网络将成为楼外广域网的用户子系统，楼内主干网将通过多重化设备与现有的各种广域网连接，例如公用电话网、用户电报网、公用数据网以及各种计算机网等。其信息种类分为话音、数据和图像，大楼内局部网络是以话音通信为基础，兼有数据和图像通信能力的综合业务数字网，并选择功能强大的 VA6410 为系统主机，同时配备一系列信息处理和数据库软件开发工具，如 RDB 关系数据库、数据库检索 DTR、表格管理软件 FMS 和第四代语言 RALLY 等，使系统的信息管理具有较强的功能。

2. 共用的办公自动化系统　该软件除了提供基本的办公功能，如文字处理、文件管理、电子邮件、日历管理等，还能够连接多种技术（如分布式信息系统、通信系统、决策支持服务和其他办公功能），从而组成一个综合办公自动化及信息系统。用户可在自己的办公室内，通过单一终端使用这些技术，而且操作简单，就是没有计算机专门知识的用户也能很快地掌握这些技术的使用方法。

以大楼计算机系统为核心的办公自动化设施由两部分组成：

(1) 所有用户共用的办公自动化系统。

(2) 各用户各自专用的办公自动化系统，即各承租者可以按自己的要求建立自己的办公自动化系统。

借用的办公自动化系统以主机为核心，它相对于文字处理机、个人计算等办公自动化设备具有更丰富的资源和更强的功能以及更高的性能，可以完成从数据库检索、数据处理以及各种运算任务等，起到支持各用户专用办公自动化系统的作用。

该系统还可以为群体决策服务，建立远程会议系统，使用户可通过远程会议系统与不同地点的驻外机构召开会议，与会者如同在一个会场等。

3. 高效的国际金融信息网络　该网络通过卫星直接接收美联社道琼斯公司提供的国际经济信息，并在大楼内的客房通过电视频道收看；在写字楼通过微机连接的电话线接收。其信息的种类包括：世界各种主要产品价格，国际金融的汇率、股市行情和国际金融走势分析资料，国际重大的政治、经济新闻等实时消息，使各商界、尤其是金融界人士，在大楼内就能掌握世界经济发展的动态。

4. 可靠的自动化系统　应用电脑网络建立了大楼设备自动化监控系统，实现了对供水、供电、空调等系统的监测或控制。例如供水系统：监测供水压力、流量、各楼层用水量、各水池储水量、消防用水等；供电系统：监测供电电压、电流以及日、夜间用电量；空调系统：控制制冷机制冷量、供给水温度、水量、回水温度；锅炉房：监测送水温度、水量。此外，还有电梯、消防、音响、防盗等自动化控制系统，使大楼尽可能地做到节能、安全、可靠、舒适。

5. 舒适的办公和居住环境　工作人员在办公室里的工作环境、公共区域的环境以及其他设施的环境，心理、生理上感到舒适，并在任意间隔的空间都能保证足够的灯光、空调等。

与传统的建筑相比，这座大厦的吸引力在于：

(1) 用户可以分租的方式获得完善的通信设备和办公自动化设备的使用权，非常方便。

（2）能迅速获得美联社道琼斯公司提供的国际经济实时信息，及时掌握市场信息。

（3）高效、节能的建筑自动化系统，使用户能节约开支，感到舒适、安全、方便。

第四节　信息化施工技术

一、建筑业应用信息化施工技术的现状

（1）建筑企业初步完成计算机的普及应用，但远没到信息化的阶段。

我国建筑业应用计算机是从人力无法完成的复杂结构计算分析开始的，直到20世纪80年代才逐步扩展到区域规划、建筑 CAD 设计、工程造价计算、钢筋计算、物资台账管理、工程计划网络制定等经营管理方面，20世纪90年代又扩展到工程量计算、大体积混凝土养护、深基坑支护、建筑物垂直度测量、现场的CAD 等施工技术方面的应用。自 1990 年信息高速公路 INTETNET/INTRANET 技术出现，人们的目光开始转向利用计算机做信息服务，更关注整个施工过程中所发生的瞬即消失的信息综合利用，我们把这种高层次的计算机应用统称为信息化施工技术。信息化施工技术是当代建筑业技术进步的核心。在业务范围方面涵盖了建设管理、工程设计、工程施工三方面的信息化任务。在应用技术上包括三个领域：以互联网为中心的信息服务应用；施工经营管理的应用；施工涉及到的专业技术应用。

自从 1994 年建设部 10 项新技术在全国展开后，在各级科技示范工程中得到推广。在政府管理部门和一、二级企业中普及了计算机的单项应用，少数单位建立了企业内部网络。

（2）初步形成了建筑业专用软件市场。

目前已推广应用一批自主知识版权的信息产品，能够满足单项应用要求，但缺少平台级系统软件和网络化应用。软件公司的规模较小、产品销售不理想。

我国在建筑设计上的软件及应用程度总体上高于施工企业，到 1995 年全国设计勘察单位基本上完成了 CAD 的技术改造，到 2000 年，施工管理软件产品已经赶上建筑设计软件产品的水平，其特征为：从企业自产自用发展为专业化生产。在 20 世纪七八十年代多是单位自行研制的单项功能的初级产品，到 20 世纪 90 年代市场经济带动出几十家专门从事建筑管理软件开发的高科技企业；软件功能从单一发展到功能集成。如工程造价、工程量计算、钢筋计算集成软件已发展较为完善，其产品基本上覆盖全国，从单项专业应用发展为信息化系统平台应用。目前正在试用建筑公司级用和项目经理部用信息化管理平台，在平台上可以运行从投标书制作、网络计划编制到施工管理全套软件，为发展适合国情的信息产品奠定技术基础。在上海正大广场工程应用计算机进行钢结构吊装虚拟仿真获得成功标志着我国具有向更高应用水平发展的潜力。

（3）与国内其他行业相比建筑业推广信息技术的力度小、投入的人力财力较小，应用的水平较低。主要差距为以下几点：

1）缺乏政府主管部门制定发展信息化施工技术的长远计划和工作规则。

2）缺乏行业部门或行业学术团体制定的技术规程、约定等用于指导信息化网络发展。

3）建筑业专用软件产品市场刚刚形成，尊重知识产权的社会风气尚需政府主管部门大力提倡和引导。

4）在目前的建筑企业机制下，企业普遍缺乏采用包括信息技术在内的新技术的主动性。

5）建筑管理体制不适应设计、施工及物业管理的信息一体化发展技术要求。

二、信息化施工

在市场经济瞬息万变的环境中，业主、工程设计、工程承包方、金融机构、工程监理及物业管理者等几方面的人所关心的不仅是诸如造价等单个技术问题的解决，还更加关心工程建设本身和社会上所发生的各种关系等更大利益的动态信息，随时决定何种对策，以保护本身的权益。如业主和金融机构关心投资风险，预期投资回报率大小，政府的政策法规走向变化及新技术、新材料应用可能性等。工程承包方除要解决各种施工技术问题外，还关心施工的进度、质量、安全、资金应用情况、环保状况、财务及成本情况、中央和地方政府和各种法律和规章制度、材料设备供应情况及质量保证、设计变更等。以上这些应用科目远不是单项软件所能解决的，必须应用信息网络技术。现代信息技术能把上述内容有机地、有序地联系起来，供企业的决策经营者利用。只有这样，才能使企业的领导及时、准确地掌握各类资源信息，进行快速正确的决策，使施工项目建设，协调均衡，做到人力、物力、资金优化组合；才能保证建筑产品的质量，保证施工进度，取得较好的经济与社会效益。建筑信息化施工技术是我国建筑施工与国际接轨的一个重要手段，对作为国民经济的支柱产业之一的建筑业实现现代化起着十分重要的作用。

在新世纪，我们完全有条件建立起建设管理部门，即各级建委（建设局）建筑—承包商—物资设备供应商—建设发展商的信息系统。

过去，建筑公司对工程项目经理部的管理多是行政管理，而施工动态信息传递与处理、对经理部在生产过程中发生的技术问题的支援较少，这在市场经济条件下是十分不利的，因为要提高企业的效益、增强企业的技术水平和市场竞争能力，就要对生产过程中的信息及时地、成批地、准确地了解并加以控制。这种了解应是企业全员的行为，而不是过去少数人知道；是及时而不是事后；是成批的、多数的而不是支离破碎；是准确的而不是假造的。如此，建筑企业方能做出正确的决策。要做到这一切就要在企业公司建立信息数据库并实现网络化，通过网络联接公司职能部门和所属工地，实现信息资源的共享。

三、以互联网为中心的信息服务应用

企业公司级信息数据库应有投标报价库、人员库、物资设备库、技术规范工法库、常用法律法规库、工程经历库等，这些信息库要经常维护，保持常新，用信息为企业基层服务。

现在多数的国内建筑企业领导者还没有认识到信息化的重要性，在组织机构设置上、在资金投入和人才录用等方面，同先进的国外工程承包商采用的信息决策制度（CIO：Chief Information Officer）存在着较大差距。项目管理是一个涉及到多方面管理的系统工程；它包含了工程、技术、商务、物资、质量、安全、行政等多个职能系统。在项目实施过程中，每天都发生人力、材料、机械、资金等大量的瞬间即逝的资源流，即发生大量的数据和信息，这些数据和信息是各职能系统连接的纽带，也构成了整个项目管理的神经系统。如何在项目管理的各相关职能间将资源流转化成信息流，将信息流动起来，形成数据信息网络，达到资源共享，为决策提供科学的依据，使管理更加严谨、更量化、更具可溯性，这是信息化施工在施工项目经理部的主旨。

"建筑工程项目施工管理信息系统"结合工程实际，以解决各部门之间信息交流为中心，以岗位工作标准为切入点，采用系统模型定义、工作流程和数据库处理技术，有效地解决了项目经理部从数据采集、信息处理与共享到决策目标生成等环节的信息化，以及时、准确的量化指标为项目经理部的高效优质管理提供了依据，该系统满足了工程常规管理的要求，即满足业主、监理、分包对工作程序的要求。

进入20世纪90年代中期，国际互联网即 Internet 在世界范围内掀起波澜，彻底改变了传统封闭、单项单系统的企业 MIS 面孔，为企业 MIS 营造了一个开放的信息资源管理平台，以其图、文、声并茂，使用方便，访问信息快捷等特点，给我们建立企业信息网带来了新思路。它开放式的信息组织方式可以调动每个人的积极性，每个上网人员既是信息网的受益者，又是网上信息的组织者。

Internet 是目前国内外信息高速公路最为重要的信息组织方式，而在企业内部利用 Internet 的组织方式组建的企业 Internet 网（即 Intranet），是基于 Internet 通信标准和 WWW 内容标准（Wet 技术、浏览器、页面检索工具和超文本链接）对 Client/Server 结构的继承和发展。它给人们提供了一个不断变化的、开放的、丰富多彩和易于使用的双向多媒体信息交流环境，又可以利用国内外基于 Web 跨平台的网络信息发布机制，为企业提供与外界联络与信息采集的手段，从而在企业构成一个信息采集与发布中心。为企业现代化管理寻找到新的突破口。其特性主要体现在以下几个方面：

（1）公文传递系统。实现文件、报告、通知等文件的传输，保密性高的文件通过电子信箱定向传递，一般性的文件通过主页（HOMEPAGE）来发布。

（2）内部管理信息的查询。主要通过网络主页制作系统，由各部门进行信息的组织和制作，原则上用户只能浏览本部门或网络共享信息，并授予信息制作者信息维护权力。

（3）实现 E-mail（电子邮件）的传递，可为公司的管理人员建立个人的电子信箱。用户可以管理自己的邮件，可以通过互联网向全球发布电子邮件，同时可以每日定时接收来自世界各地的电子邮件，加强了管理人员与外界的沟通。

（4）提供统一的 Internet 的接入。通过 LanGates Server（网关服务器）技术直接管理用户对 Internet 的访问，并对访问 Internet 的站点加以控制。

（5）实现公司内的远程办公服务。各分公司、各项目，以及出差在外的人员，不论在世界的任何地方，只要有便携电脑，便可通过电话线与公司网相连，及时获取公司的有关信息，收发电子邮件。

（6）数据库管理与资源共享。网络可支持目前大部分数据库产品，支持公司已有数据库信息。另一方面，利用计算机网络，可以在服务器端统一维护相关软件资源，用户端可通过网络从服务器上下载资源，统一公司办公平台，建立文档交流的基础。

四、信息化施工技术能保证工程质量和成本控制

所谓信息化施工就是利用计算机信息处理功能，在施工过程所发生的工程、技术、商务、物资、质量、安全、行政等方面，对发生的人力、材料、机械、资金等瞬间即逝的信息有序地存储，并科学地综合利用，以部门之间信息交流为中心，以岗位工作标准为切入点，解决项目经理部从数据采集、信息处理与共享到决策目标生成等环节的信息化，以及时准确的量化指标为项目经理部高效优质管理提供依据。

一个实行信息化施工管理的经理部，只需 10 多台计算机联网，20 万元以内投资即可从设备上具备条件。当然，项目经理实现集约化管理的决心和全体经营人员会使用计算机的技术素质更为重要，项目经理部的管理人员每天定时将当天发生的工程、技术、商务、物资、质量、安全、行政、机械等方面的情况输入计算机，项目经理用这样的技术手段进行决策，用这样的办法管理的工程质量在技术措施上是万无一失的，可以向社会及业主交一份合格的答卷，同时提高建筑业企业的技术含量。

工程成本管理多年来一直困扰建筑业企业，特别是当前建筑公司的经营点分散，进行成本管理更加困难。近年来，研制成功的工程项目成本管理系统，为建筑公司、项目经理部核算和集约化管理提供了技术手段，使企业领导人在办公室里就能了解全局的经营状况，靠的就是计算机软件、计算机网络和健全的工作制度。

参 考 文 献

1 中国大百科全书出版社编辑部编. 中国大百科全书土木工程卷. 北京：中国大百科全书出版社，1987

2 丁大钧，蒋永生. 土木工程总论. 北京：中国建筑工业出版社，1997

3 汪霖祥主编. 钢筋混凝土与砌体结构. 北京：机械工业出版社，2001

4 龚伟，郭继武. 建筑结构. 第一版. 北京：中国建筑工业出版社，1995

5 周克荣等编著. 混凝土结构设计. 上海：同济大学出版社，2001

6 方嘈鄂华编著. 高层建筑结构设计. 北京：地震出版社，1990

7 罗福午主编. 土木工程（专业）概论. 武汉：武汉工业大学出版社，2000

8 王立东主编. 公路工程概论. 北京：水利电力出版社，1996

9 邱忠良，蔡飞主编. 建筑材料. 北京：高等教育出版社，2000

10 李业兰编. 建筑材料. 第2版. 北京：中国建筑工业出版社，1995

11 李祯祥主编. 房屋建筑学：上册. 北京：中国建筑工业出版社，1995

12 林恩生主编. 房屋建筑学：下册. 北京：中国建筑工业出版社，1995

13 卢循主编. 建筑施工技术：上册. 北京：中国建筑工业出版社，1995

14 刘金昌，李忠富，杨晓林主编. 建筑施工组织与现代管理. 北京：中国建筑工业出版社，1996

15 王立久主编. 建设法规. 北京：中国建材工业出版社，2000

16 中华人民共和国国家标准. 建筑结构荷载规范. (GB50009—2001). 北京：中国建筑工业出版社，2002

17 中华人民共和国建设部主编. 建设工程文件归档整理规范 GB/T 50328—2001. 北京：中国建筑工业出版社，2002

18 中华人民共和国建设部. 建发〔2000〕142号 房屋建筑工程和市政基础设施工程竣工验收暂行规定

19 周直主编. 工程项目管理. 北京：人民交通出版社，2000

20 从培经主编. 建筑工程项目管理. 北京：中国建筑工业出版社，1995